纳米零价铁及其改性材料去除水环境污染物的研究

康海彦 著

中国水利水电出版社
www.waterpub.com.cn
·北京·

内 容 提 要

纳米零价铁具有较高的反应活性，可去除环境中多种污染物，但其具有在空气中不稳定、易氧化、存储和运输困难等特点。针对以上不足，本书对纳米零价铁系材料去除硝酸盐情况进行了研究；同时选用β-环糊精、海藻酸钠、明胶等生物易降解材料，对新鲜制备的纳米零价铁进行包覆改性，并将其应用于重金属污染物的去除，为纳米铁系金属材料的实际应用提供理论依据。

本书理论结合实际，既具有较高的学术价值，又具有较强的实用性，可供材料化学与环境工程相关领域的学生及科研人员参考使用。

图书在版编目（CIP）数据

纳米零价铁及其改性材料去除水环境污染物的研究 / 康海彦著. -- 北京 : 中国水利水电出版社, 2020.5
ISBN 978-7-5170-8513-3

Ⅰ. ①纳… Ⅱ. ①康… Ⅲ. ①铁-纳米材料-应用-水污染物-废物处理-研究 Ⅳ. ①X52

中国版本图书馆CIP数据核字(2020)第060505号

责任编辑：陈 洁　　　封面设计：邓利辉

书 名	纳米零价铁及其改性材料去除水环境污染物的研究 NAMI LINGJIA TEI JI QI GAIXING CAILIAO QUCHU SHUIHUANJING WURANWU DE YANJIU
作 者	康海彦 著
出版发行	中国水利水电出版社 （北京市海淀区玉渊潭南路1号D座 100038） 网址：www.waterpub.com.cn E-mail：mchannel@263.net（万水） sales@waterpub.com.cn 电话：（010）68367658（营销中心）、82562819（万水）
经 售	全国各地新华书店和相关出版物销售网点
排 版	北京万水电子信息有限公司
印 刷	三河市华晨印务有限公司
规 格	170mm×240mm 16开本 12.5印张 220千字
版 次	2020年6月第1版 2020年6月第1次印刷
印 数	0001—3000册
定 价	56.00元

前　言

近年来硝酸盐、重金属等水环境污染已对人们的生命安全和身体健康造成了极大危害。纳米零价铁因其具有反应活性高，可还原卤代烃、有机氯农药、重金属离子、硝酸盐等多种环境污染物以及环境友好性等特点，在环境污染修复中具有广阔的发展前景。

为了进一步提高纳米零价铁的反应活性，国内外学者将其他金属如Pd、Pt、Ni、Ag、Cu等负载于纳米零价铁颗粒表面，制成纳米铁二元金属复合材料，并应用于污染物的去除。但纳米零价铁颗粒在应用过程中存在不稳定、易被空气氧化、易团聚等现象，影响其反应活性及在环境修复中的实际应用。

目前，国内外学者采用沸石、硅胶、树脂、活性炭等材料负载纳米零价铁，利用淀粉、羧甲基纤维素钠、壳聚糖、聚丙烯酸等表面活性剂对纳米零价铁进行改性，改善了纳米零价铁的分散性和迁移性，并提高了纳米零价铁的稳定性。

本书研究了纳米零价铁、纳米铁合金对硝酸盐的去除效果，探讨了硝酸盐还原机理；应用海藻酸钠、明胶和β-环糊精等生物易降解材料为主要原料，对纳米零价铁进行包覆，提高其在空气中的稳定性，并对其去除水环境中重金属的行为进行了研究，对包覆纳米零价铁去除偶氮染料的效果进行了初步探讨，为纳米零价铁在环境污染物修复中的实际应用提供理论依据。

本书共10章，由河南城建学院康海彦、毛艳丽、延旭共同撰写。其中第1、2、3、10章由康海彦撰写，第6、7、8、9章由毛艳丽撰写，第4、5章由延旭撰写。本书最后由康海彦统稿，毛艳丽校稿。

本书受国家自然科学基金项目（项目编号：U1904174）、河南省科技攻关项目（项目编号：202102310280）、河南省科技攻关项目（项目编号：202102310604）、河南省科技攻关项目（项目编号：192102310241）、河南省高等学校重点科研项目（项目编号：18A610002）、河南省高等学校青年骨干教师培养计划（项目编号：2018GGJS140）、河南城建学院学术技术带头人培养计划（项目编号：YCJXSJSDTR201802）及河南省水体污染防治与修复重点实验室的资助，在此表示感谢。

作　者

2019年10月20日

目　录

第1章

绪 论

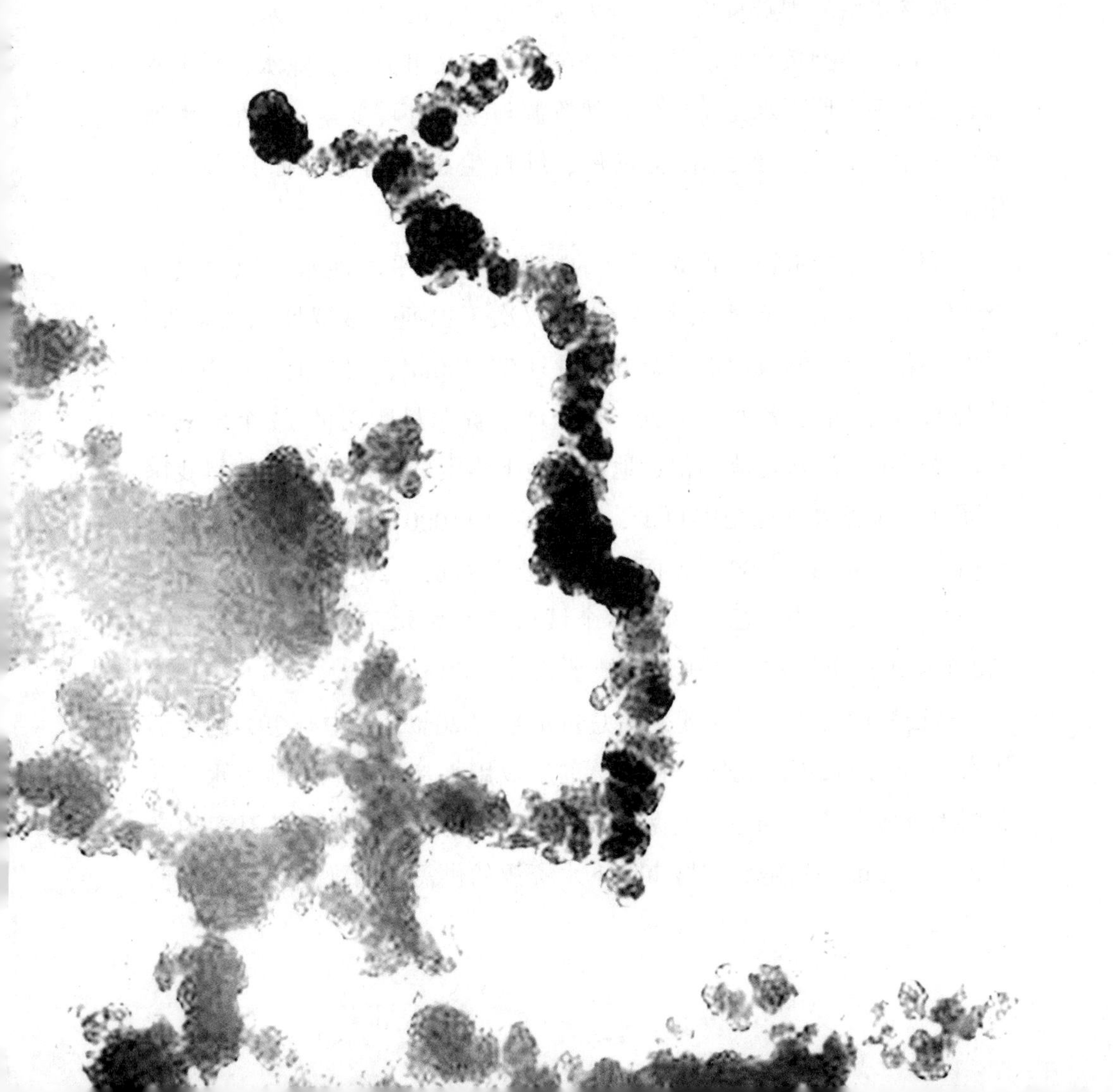

1.1 地下水硝酸盐污染及其修复技术

1.1.1 地下水硝酸盐污染及其危害

1.1.1.1 我国地下水资源

地下水是以各种形式埋藏在地下岩土中的水。地下水按其存在的形式，可分为气态水、吸着水、薄膜水、毛细管水、重力水和固态水等。按含水层的埋藏特点，可分为包气带水、潜水和承压水三个基本类型。每一类型按含水层的含水空隙特点，又可分为孔隙水、裂隙水和岩溶水等。地下水是重要的自然资源与生态环境要素，其在保障城乡居民生活、支持经济社会发展、维持生态平衡等方面具有重要作用。

我国是一个水资源严重不足的国家，多年平均淡水资源总量为28000亿m^3，占全球水资源的6%，仅次于巴西、俄罗斯和加拿大，居世界第4位，但人均水资源占有量只有2300m^3，仅为世界平均水平的1/4，在世界上名列121位，是全球水资源最匮乏的13个国家之一。另外由于洪水径流和偏远地区的地下水资源很难利用，使得我国实际可用的淡水资源变得更少，仅为年均11000亿m^3左右，人均可利用水资源量约为900m^3，而且分布极不均衡。20世纪末，在全国640个大中城市中，已有400多个城市存在供水不足问题，其中有110个城市严重缺水，全国城市缺水总量为60亿m^3。

目前我国地下水开采量约占总供水量的20%，其中有39%的生活用水、19%的农田灌溉用水和18%的工业用水都是来源于地下水。受我国水资源及人口分布、经济发达程度、开采条件等诸多因素的影响，我国城市特别是北方城市地下水资源的供需矛盾尤为突出。目前全国有近400个城市开采地下水作为城市供水水源，在华北和西北地区，地下水占城市供水量的比例分别已达到72%和66%，部分城市的地下水几乎是唯一的供水水源，另外地下水也是农村地区的主要饮用水源。

1.1.1.2 我国地下水污染现状

水的污染有两类：一类是自然污染；另一类是人为污染。我国地下水水质统计结果表明，即使没有人为污染因素，我国平原区的地下水有很大一部分在天然条件下也属劣质地下水。根据国家《地下水质量标准》（GB/T 14848－93）进行的综合评价结果，在所评价的平原区面积中，Ⅰ类和Ⅱ类水质面积仅为5%，Ⅲ类区面积占评价面积的35.3%，Ⅳ类、Ⅴ类区面积占总评价区面积的59.8%，而Ⅰ类、Ⅱ类、Ⅲ类水为水质良好。在经济社会活动强度大、人口密集，地表水污染严重和地下水、天然水质较差地区，如太湖流域等地区，Ⅳ类、Ⅴ类地下水面积占评价区面积的比例达91.4%。因此，从地下水水质综合评价结果来看，全国平原地区地下水水质总体上是十分严峻的，有60%左右的平原区地下水水质属于Ⅳ类、Ⅴ类。

近20年来，由于城市与工业“三废”不合理或不达标排放量的迅速增加，农牧区农药、化肥的大量使用，导致我国地下水污染呈现出由点污染、条带状污染向面上扩散，由浅层向深层渗透，从城市向周围蔓延的发展趋势。地下水污染不仅检出组分越来越多、越来越复杂，而且污染物的浓度也不断增高，污染造成的危害不断加重。日趋严重的水污染降低了水体的使用功能，进一步加剧了水资源短缺的矛盾。

多年地下水监测评价的结果显示，目前城市地下水资源遭受污染的情况较为严重，全国2/3城市地下水水质质量普遍下降，局部地段水质恶化，300多个城市由于地下水污染造成供水紧张状况。在全国

195个城市的监测结果中，97%的城市地下水受到不同程度污染，40%的城市地下水污染趋势加重；北方17个省会城市中16个污染趋势加重，南方14个省会城市中3个污染趋势加重。地下水污染组分主要有三氮（NO_3^-、NO_2^-、NH_4^+）、酚、氰、重金属、总硬度及有机污染指标COD（化学需氧量）等，有关部门在一些地区地下水中检出有机污染物达133种。主要污染源均为工业和生活污染，局部农业区地下水也受到污染，主要分布在城市近郊区的污灌区，目前有污水灌溉农田2000多万亩，直接污染了地下水，也有的还受到农药和化肥的污染。

总之，我国地下水污染有如下特点：从污染程度上看，北方城市污染普遍较南方城市重，污染元素多且超标率高，特别是华北地区，污染最为突出。从污染元素看，“三氮”污染在全国均较突出，普遍遭受污染；矿化度和总硬度污染主要分布在东北、华北、西北和西南地区；铁和锰污染主要分布在南方地区。

1.1.1.3 地下水硝酸盐污染现状

近几十年来随着工农业生产的发展，许多国家的地下水都已不同程度地受到硝酸盐污染，并存在日益恶化的趋势，目前地下水中硝酸盐污染已成为一个相当重要的环境问题。

早在20世纪60年代，美国与欧洲各国就有因化学氮肥的施用而导致地下水硝酸盐污染的报告。据调查，在美国饮用水水质污染物超标事例中，有近1/4是由硝酸盐浓度超标引起的，1992年美国环保局研究表明，大约有300万人口，包括4.35万婴儿，饮用的地下水硝酸盐浓度超过饮用水水质标准。目前许多地区地下水中硝酸盐平均每年增长0.8mg/L，硝酸盐已成为美国地下水一大污染物。德国有50%农用井水硝酸盐浓度超过60mg/L；英国在1970年地下水中NO_3^--N浓度就间歇超过欧盟组织（CEC）规定的最大允许浓度为11.3mg/L，

1980年上升为90mg/L，1987年高达142mg/L。对加沙地带100口水井（47口井为农业用水井，53口井为家庭用水井）的考察中，有90%的井水硝酸盐污染严重超标，且污染情况随季节变化而不同，家庭用水井的硝酸盐平均浓度在6、7月份为128mg/L，农业用水井在此期间硝酸盐平均浓度为100mg/L，家庭用水井在1、2月份硝酸盐浓度为118mg/L，而农业用水井为96mg/L。

早在20世纪60年代初期，我国北方一些地区如吉林、河北等省市的部分地区，就曾有关于“地下肥水”问题的报道，也就是地下水硝酸盐污染问题。1993年我国北方14个县市的调查结果显示，在调查的69个地点中，半数以上饮用水中硝酸盐含量超过50mg/L，其中最高可达300mg/L。安徽砀山等地 NO_3^- 最高含量为130mg/L，山东德州硝酸盐含量最高达1320mg/L，其检出率为68.8%，超标率为8.3%。金赞芳等对杭州市城区21口水井取样进行分析，结果表明，有40.5%样品中硝酸盐含量超过世界卫生组织的标准（10mg/L）。水利部海河委员会水保局在1996年对唐山农业区的地下水进行了水质普查，在111口观测井中发现有24口井硝酸盐含量超过20mg/L，占21.6%。

我国其他城市及地区地下水硝酸盐含量也存在大面积超标现象，如北京、石家庄、西安、沈阳、兰州、银川、呼和浩特、陕北关中地区等，北京地下水中硝酸盐最高值为314mg/L，石家庄地下水中 NO_3^- 含量达20～40mg/L，最高值为96mg/L，关中盆地最高检出浓度达650mg/L。

根据1996年至2000年水质资料，大多数城市地下水预报指标呈增长趋势，地下水水质向恶化趋势发展，硝酸盐就是主要增长组分之一。2005年国土资源部对全国160个主要城市和地区的地下水水情调查结果显示，与2004年相比，华北地区、东北地区和西南地区地下水中硝酸盐和亚硝酸盐含量继续增加，污染形式更加严峻。

1.1.1.4 硝酸盐污染的危害

地下水中的硝酸盐本身对人体并没有危害，但它在人体内可经硝酸盐还原酶作用生成亚硝酸盐，而亚硝酸盐会对人体健康构成威胁。亚硝酸进入人体血液后，能与血液中起传送氧气功能的血红蛋白反应形成高铁血红蛋白，从而影响血液中氧的传输能力,使组织因缺氧而中毒,重者可导致呼吸循环衰竭。当饮用水中硝酸盐含量达到 90～140mg/L 时，能导致婴儿高铁血红蛋白症，俗称“蓝婴病”；当血液中血红素的含量达到 70% 时，即导致窒息而死。美国 H. H. Comley 早在 1954 年便报道了由于饮用水中高浓度硝酸盐氮而引起婴儿高铁血红蛋白症的病例；瑞典曾在克里斯蒂塔地区对 35 例癌症患者致病原因的分析表明，其中有一半以上的病例是因饮用高硝酸盐含量的地下水所致。

此外，水中的硝酸盐和亚硝酸盐在各种含氮有机化合物（胺、酰胺、尿素、氰胺等）的作用下会形成具有化学稳定性的高度致癌、致畸、致突变物质亚硝基胺和亚硝基酰胺，他们会诱导产生肠道、脑、神经系统、骨骼、皮肤、甲状腺等肿瘤疾病。

根据地质部东北地质研究所的资料，在沈阳市的调查中，发现饮用水中硝酸盐污染较严重的地区几种癌症的死亡率也较高，而硝酸盐含量低的地区，相应与水质有关的几种癌症的死亡率也较低。英美等国研究结果显示，饮用水中过量的 NO_3^- 和 NO_2^- 与食管癌的发病率及死亡率成正比。在我国的食管癌高发区，如河南安阳、林州地区，其发病率也与饮用水、土壤和食物中高含量 NO_3^-、NO_2^-、NO 及亚硝胺呈正相关关系。日本、英国、智利以及哥伦比亚均报道过亚硝酸盐、硝酸盐与胃癌发病率的相关性。英格兰沃尔克索谱城的自来水中硝酸盐浓度为 90mg/L，该城市的胃癌发病率比对照城市要高 25%。

经有关水文地质工作者调查，地下水中高含量的 NO_3^- 与吉林、黑龙江、陕西等省市的克山病、大骨节病也有着密切的关系。此外，长期摄入硝酸盐或亚硝酸盐会造成智力下降，儿童长期饮用硝酸盐或亚硝酸盐含量高的水，会使听觉和视觉的条件反射敏感性降低。农作物氮素的重要来源是硝酸盐，在一定的范围内，硝酸盐是农作物丰产优质的积极因素。一直以来，由于氮肥的超量投入，特别在温室、大棚等农业设施中氮肥投入过量和施用不合理，造成硝酸盐在农产品中的大量积累，不但会降低农产品的质量，而且会通过食物链的富集作用，对人体健康存在着潜在的威胁和危害。

由此可见，硝酸盐污染的地下水可直接或间接对人体造成伤害。因此，世界各国都对饮用水中的硝酸盐含量确定了标准值：世界卫生组织规定不大于50mg/L(以 NO_3^- 计，折合 NO_3^--N 为11.3mg/L)，亚硝酸盐不应大于3mg/L(折合 NO_2^--N 为0.91mg/L)。美国EPA和加拿大环境组织规定了最高极限值为10mg/L NO_3^--N，1mg/L NO_2^--N。欧联盟组织提出了硝酸盐最高允许浓度为50mg /L，推荐允许水平值为：5.6mg/L NO_3^--N，0.03mg /L NO_2^--N，同时认为，在农村饮用水中硝酸盐氮的浓度超过4mg/L时就会大大提高染上淋巴瘤的机会。

我国由1986年开始实施饮用水水质标准，《地下水质量标准》(GB/T 14848—2017) 规定硝酸盐氮不允许超过20mg/L，而2005年10月1日开始执行的新《饮用净水水质标准》(CJ94—2005) 规定硝酸盐氮不允许超过10mg/L。

1.1.2 硝酸盐污染修复技术

1.1.2.1 生物反硝化法

目前，有关地下水中硝酸盐污染物的去除技术，国内外已有较多的研究，主要可分为生物反硝化法、物理化学反硝化法和化学还原修复技术等。

生物反硝化法是指在缺氧环境下，兼性厌氧菌以水中的 NO_3^- 或 NO_2^- 代替氧作为电子受体，将硝酸盐还原为气态氮化物和氮气的过程。反硝化过程包括以下几个步骤：

$$NO_3^- \rightarrow NO_2^- \rightarrow NO \rightarrow N_2O \rightarrow N_2$$

它是生态系统中氮循环的主要环节，是污水脱氮的主要机制。影响生物反硝化的因素主要有氧含量、营养物的供给、pH 值、温度等。当氧含量较高时会抑制反硝化过程的部分步骤或全部，当氧气浓度大于 0.2mg/L 时，硝酸盐的还原就无法进行。足够的营养物质是保证细菌正常成长的基本条件，C、H、O、N、S、P 是细胞合成所需基本营养元素，大多数地下水中含有足够的矿物质和痕量元素以供细菌生长所需，如 K、Na、Mg、Ca、Fe、Mn、Zn、Cu、Co 等。反硝化最佳的 pH 值为 7.0～8.0，过低会使甲烷菌成为优势菌属，过高则会出现亚硝酸盐的积累。温度对反硝化的影响非常显著，低温下如 0～5℃，反硝化速度缓慢（某些嗜冷菌例外），一般温度每提高 10℃，反硝化速度可提高一倍。地下水硝酸盐氮的生物修复技术就是在人为的作用下，强化自然界水体中的反硝化作用，可分为原位生物修复技术和反应器处理技术。

1.1.2.2 原位生物修复技术

原位生物修复技术是指对硝酸盐污染的地下水体，通过注入基质和营养物质，在地下水中直接进行生物修复，完成反硝化及二次处理的过程。目前的研究认为，地下水中的反硝化作用通常发生在厌氧或半厌氧，并含足够溶解有机碳（DOC）的水体环境中。通常水体中 DOC 的补充方式有双井系统、群井系统及综合系统。它们利用一个井或多个井把含有营养物质的溶液注入含水层中，促使其中微生物活性增加，达到去除地下水硝酸盐污染物的目的。

此外，环境中的易氧化的固相有机碳（SOC）也可被反硝化菌利用进行反硝化，如将自然界中含有SOC的材料锯屑、草、秸等构筑成多孔渗水处理墙，放置在垂直于污染地区的地下水流方向的水体中，这些含有SOC的材料可以为反硝化细菌创造厌养环境并提供碳源，地下水中的硝酸盐氮流经脱氮墙时，通过生物和化学作用被去除掉。Louis A. Schipper 等曾做过利用锯屑构筑成多孔渗水处理墙。实验证明这种多孔渗水处理墙处理地下水中的硝酸盐氮能够使用2.5年以上，反硝化速率足够高，可以达到很好的去除效果。

原位生物反硝化技术具有操作简单、运行费用低等特点，但随地下水深度的增加，其费用将显著增加，在利用生物墙进行修复时，随着生物膜的不断生长，很容易造成含水层堵塞。另外，该修复技术需要对地下水的水质情况、水动力系统和有关水文地质资料有一定的掌握，而且修复过程中需向水中投加营养物质，由于其很难均匀分布于地下蓄水层中，效果难以控制，易造成二次污染，所以只限于某些地质条件较好、地下水污染面积不大的地区。

1.1.2.3 反应器生物处理技术

与原位生物处理技术相比，反应器生物处理工艺投资比较大，操作上比较烦琐，但出水水质比较容易得到控制，因此在欧美尤其在欧洲各国有较多的研究和应用。反应器生物处理法包括异养型生物脱氮技术和自养型生物脱氮技术，详述如下：

（1）异养型生物脱氮技术。异养型生物脱氮技术需要添加甲醇、乙醇、葡萄糖、醋酸等有机物作为反硝化基质，相比自养菌脱氮效果要好。由于异养菌生长比较快，易于造成反应器内的堵塞现象，使出水中细菌含量增加并残留有机污染物。流化床虽然解决了堵塞问题，但其循环水量大、能耗高、难以控制；固定床最大的缺点就是易堵塞，需定期反冲洗。

（2）自养型生物脱氮技术。自养型生物脱氮技术不需投加有机碳源，而是通过氧化氢气、还原性硫化物等取得能量，并利用这些能量将环境中的二氧化碳、重碳酸盐等转化为细胞物质，同时进行反硝化而起到脱氮的效果，目前国内外对氢自养反硝化和硫自养反硝化已有许多报道。

相比于异养生物反硝化，以氢气为基质的自养生物反硝化工艺有两个显著特点：

1）氢气对水不会产生污染。

2）反硝化菌生长较慢，出水可无须灭菌处理。

但是，有必要特别指出的是，自养型生物脱氮技术存在脱氮速率低，所需反应器容积要求比较大，成本也较高和氢气易燃易爆炸等缺点，使其在实际应用中受到很大限制。

总之，生物反硝化法正处于完善和发展之中，目前存在的主要缺点是：工艺复杂、运营管理要求高；会造成二次污染，一般需要后续处理；反硝化速度慢，所需反应器体积庞大，建设费用高；不太适合用于小型及分散给水处理。

1.1.2.4 物理化学修复技术

物理化学法主要包括膜分离法和离子交换技术。膜分离法的主要原理是通过外加推动力，在膜的两边实现目标组分的分离，用于地下水脱氮的膜分离法包括反渗透和电渗析两种。这两种技术去除硝酸盐的效率相近，适用于小型供水设施，缺点是费用比较高（尤其是电渗析），存在废水排放问题。离子交换法是利用阴离子交换树脂中的氯离子或重碳酸根离子与硝酸根离子交换，从而去除水中的硝酸盐。普通阴离子交换树脂对离子的选择性是：$SO_4^{2-} > NO_3^- > HCO_3^- > Cl^-$，因此氯离子可以将水中所有的硫酸根离子、硝酸根离子和约一半的重碳酸根离子交换下来。离子交换工艺的发展比较成熟，目前国外已有多座离子交换脱氮厂投入运行。其缺点是出水中氯离子浓度增加，树脂再生效率较低，再生频繁，再生剂用量也比较大，且不能选择性地去除硝酸盐。刘玉林等对常规的离子交换法进行了改进，采用投加 MgO 粉末至饱和 CO_2水溶液的方法，使之形成 $Mg(HCO_3)_2$ 溶液，克服了单独 CO_2再生法再生效率不高的缺点，大大提高了 HCO_3^-的浓度和再生效率。

物理化学修复法只是将硝酸盐污染物进行了浓缩或转移，将污染物集中于某介质或废液中，并没有对其进行彻底去除，同时产生的高浓度再生废液同样需要处理，因此使该技术在实际应用中受到很大限制。

1.1.2.5 化学还原修复技术

1. 催化还原法

20 世纪 80 年代末，德国学者 Vorlop K. D.等首次提出了硝酸盐的贵金属催化还原脱氮技术。贵金属加氢催化还原硝酸盐是一个异相催化还原过程。目前研究较多的是以通入的氢气作为还原剂，在负载型的二元金属催化剂作用下将硝酸盐氮还原为氮气。这种方法的最大优点是具有高的活性和选择性。在理论上,只要合理选用催化剂和控制反应条件,通过催化还原反硝化完全可将硝酸盐全部还原为氮气。

贵金属催化还原硝酸盐的反应机理可用图 1-1 表示。

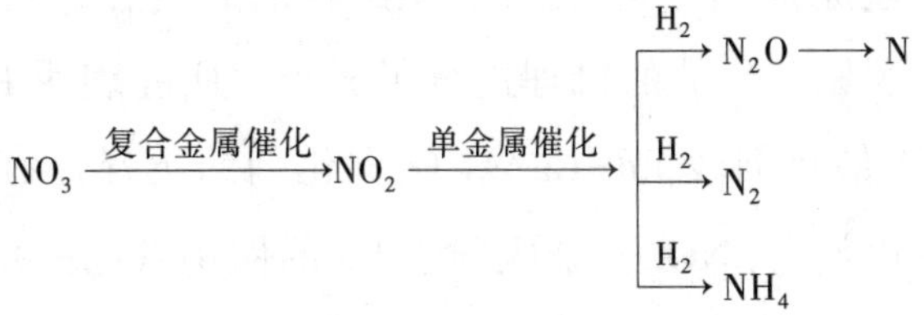

$$NO_3 \xrightarrow{\text{复合金属催化}} NO_2 \xrightarrow{\text{单金属催化}} \begin{cases} \xrightarrow{H_2} N_2O \longrightarrow N \\ \xrightarrow{H_2} N_2 \\ \xrightarrow{H_2} NH_4 \end{cases}$$

图 1-1 硝酸盐催化还原的机理

硝酸盐催化还原反应过程实际包含两步连续的反应：NO_3^- 首先在

复合金属催化剂的作用下被氢化为 NO_2^-，然后 NO_2^- 进一步被贵金属催化加氢还原为 N_2，NH_4^+ 作为副产物产生。整个催化过程可用下面两个方程式概括：

$$NO_3^- + 5H_2 \xrightarrow{\text{催化}} N_2 + 2\,OH^- + 4H_2O$$

$$2NO_3^- + 8H_2 \xrightarrow{\text{催化}} 2NH_4^+ + 4\,OH^- + 2H_2O$$

国内外研究表明，单金属负载型 Pd 或 Pt 催化剂对 NO_2^- 的还原具有较高的活性和选择性，而对 NO_3^- 表现出较低的活性和较差的选择性。Horold 等研究发现，单金属 Pd 催化剂可将 NO_2^- 转化为 N_2，转化率可达 99.9%，而双金属 Pd-Cu 催化剂则对硝酸盐表现出了还原活性，但同时降低了对 N_2 的选择性，增加了副产物 NO_2^-、NH_4^+ 的生成，这在其他研究中也得到了相同的结论。研究发现控制氢气的输入量可以减少氨氮的产生，完全去除 100mg/L 的硝酸盐时，生成的氨小于 0.5mg/L，因此催化还原去除水中硝酸盐氮具有可行性。也有文献报道，单金属 Pd 对还原硝酸盐并不是完全没有活性，只是反应速率很低，经过 24h 的反应有 60% 的硝酸盐被降解。Al_2O_3 负载的 Cu 在硝酸盐还原过程中很快被氧化为 Cu^{2+} 而失活，Pd 的存在可维持 Cu 处于低氧化态。

Prüsse 等用 $Pd-Cu/Al_2O_3$、$Pd-Sn/Al_2O_3$ 和 $Pd-In/Al_2O_3$ 三种不同催化剂催化还原硝酸盐，系统考查了不同催化剂的催化活性和选择性，以及不同还原剂 H_2、甲酸对催化过程的影响，并对负载型双金属催化剂催化还原硝酸盐的机理进行了分析。研究表明 $Pd-Sn/Al_2O_3$ 和 $Pd-In/Al_2O_3$ 催化剂较 $Pd-Cu/Al_2O_3$ 催化剂的选择性有所提高，认为在双金属催化剂中，NO_2^- 只能吸附于 Pd 的催化点位，并在单金属点位进行转化，而单金属 Pd 不能吸附 NO_3^-，因此对 NO_3^- 的还原没有催化活性。随着双金属催化剂中，辅助金属如 Sn、Cu 含量的增加，催化剂对 NO_2^- 的还原活性逐渐降低，同时在 NO_3^- 还原过程中，向溶液

中释放的 NO_2^- 量随 Sn、Cu 含量增加而增加。其催化还原机理如图 1-2 所示。

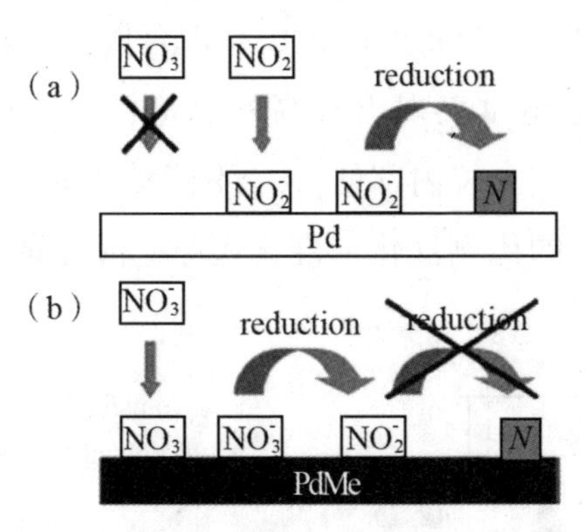

图 1-2 硝酸盐和亚硝酸盐在负载型双金属催化剂上的吸附及还原示意图

双金属催化剂中两种金属的质量比是影响硝酸盐反应活性和对氮气选择性的重要因素。以 H_2 为还原剂时，Pd-Sn/Al_2O_3 和 Pd-In/Al_2O_3 催化剂随 Sn、In 含量的增加，即 Pd : Me 的减小，反应活性逐渐增加。但是对于硝酸盐催化还原的选择性取决于单金属 Pd 上 N 与还原剂比率的大小，Pd : Me 比率比较大时，NO_3^- 还原速率慢，导致 NO_2^- 的生成速率慢，Pd 金属表面大部分被还原剂所覆盖，因此没有足够的 N 结合成为 N_2；当 Pd : Me 比率过大时，NO_2^- 的生成速率过快，以至于部分 NO_2^- 不能被 Pd 吸附并还原，而是以中间产物或副产物的形式释放到溶液中，因此也降低了反应的选择性。所以只有选择适当的金属比例才能获得较高的硝酸盐催化活性和较好的氮气选择性。

分别选用 H_2 和甲酸作为还原剂时，改变 Pd、Sn 的比例，在硝酸盐还原过程中，Pd-Sn/Al_2O_3 双金属催化剂表现出了不同的活性变化趋势。选用不同的还原剂，其催化还原硝酸盐的机理也不同，如图 1-3所示。

以甲酸为还原剂时，甲酸只能吸附于 Pd 单金属点位上，因此只有靠近贵金属点位，双金属点位上吸附的 NO_3^- 才能被活性 H 触及并还原；而以 H_2 为还原剂时，除了贵金属点位上吸附的活性 H 以外，有一部分 H 可从贵金属点位溢出到双金属点位上，所以吸附于双金属活性点位内部，而远离 Pd 点位的 NO_3^- 也能被还原。因此当催化剂中 Pd/Sn 比例较小时，双金属点位较多，贵金属点位较少，以 H_2 为还原剂对硝酸盐的催化还原表现出较高的反应活性，而以甲酸为还原剂时，位于双金属活性点位内部的 NO_3^- 不能被还原，表现出较低的反应活性；增加 Pd/Sn 的比例催化剂催化还原硝酸盐的反应活性与上述情况相反。

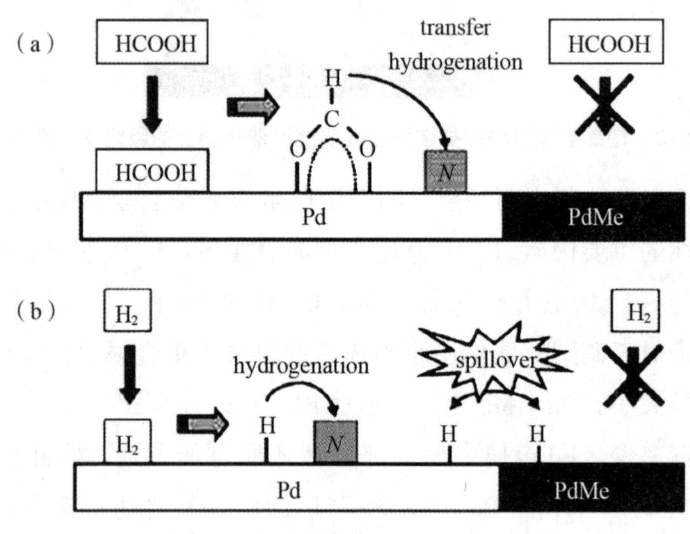

图 1-3　不同还原剂在负载型双金属催化剂上的吸附及催化还原示意图

大量研究证明，在载体表面辅助金属和贵金属形成合金并同时存在单独的贵金属催化活性点位有利于提高硝酸盐脱氮的活性及选择性。因此负载的贵金属量一般高于辅助金属的量，如双金属负载型 Pd-Cu 催化剂中，Pd、Cu 最佳质量比为 4∶1。目前负载型双金属催化剂体系中的辅助金属已经拓宽到 Au、Ag、Pb、Fe、Ni、Cu、Zn、Sn 和 In 等，且 Pd-Sn 和 Pd-In 负载型双金属催化剂的氮气选择性高于 Pd-Cu 催化剂，减少了副产物 NO_2^- 和 NH_4^+ 的生成。

催化剂载体的主要功能是提供大的表面积以获得高分散的金属催化

剂以及防止细小催化剂颗粒的流失。目前研究的载体主要有 r-Al_2O_3、SiO_2、TiO_2、沸石、纤维、活性炭和结构膜等。载体的选择对双金属催化剂的催化活性和选择性影响很大，而且对于同一种载体，不同的晶相结构和表面性质等特性也表现出不同的催化剂活性。另外，金属负载量、催化剂制备方法、溶液 pH 值、氢气气压或流速和反应温度等因素对硝酸盐的催化还原效果都有一定的影响。

催化还原方法可将大部分硝酸盐转化为氮气，脱氮效率高；可在地下水温下进行，运行管理比较容易，而且用氢气作为还原剂，反应过程和反应产物不存在对出水的二次污染问题，但同时也存在一些不足之处，如氢气在常压下溶解度小，利用效率不高，且容易爆炸，不便于工程施用等。目前，国内外大多数硝酸盐催化加氢脱氮研究都是在实验室中进行，实际地下水处理仅限于小规模尝试性研究，大规模的运用加氢催化还原技术去除硝酸盐尚不成熟。如何对催化剂的活性和选择性进行控制，减少副产物的生成，是当前研究工作的重点和难点。

2. 活泼金属还原法

多年以来，许多活泼金属已经被应用于碱性条件下硝酸盐的去除，如 Cd、镉汞齐、Al、Devarda 合金（50Cu、45Al、5Zn）和 Arndt 合金（60Mg、40Cu）等。这些活泼金属大多数都可在较高的碱性环境下，将低浓度硝酸盐还原为亚硝酸盐和氨氮，多用于放射性废物和有毒废物中硝酸盐的去除。

Luk G. K. 对铝粉还原硝酸盐的过程进行了研究。当铝粉的投加剂量为 300mg/L 时，控制反应温度 25℃，pH 值为 10.7，浓度为 20mg-N/L 的硝酸盐最大去除率达到 62%，产物以 N_2为主。Murphy A. P. 的研究结果显示，pH 值对铝粉反硝化效果影响很大，并且水中的硫酸根也有可能同时被还原。当 pH 值小于 8 时，投入铝粉不会使硝酸盐和硫酸盐还原；pH 值大于 11.5 时，不仅硝酸盐被还原，水中的硫酸盐也同时被铝粉还原，而只有当 pH 值范围介于 9～10.5 时，硝酸盐才可以被优先还原。反应在十几分钟的时间内就可以完成，主要产物为氨氮（60%～95%），其次为亚硝酸盐氮和氮气：

$$3NO_3^- + 2Al + 3H_2O = 3NO_2^- + 2Al(OH)_3$$

$$2NO_2^- + 2Al + 5H_2O = 3NH_3 + 2Al(OH)_3 + OH^-$$

$$2NO_2^- + 2Al + 4H_2O = N_2 + 2Al(OH)_3 + 2OH^-$$

铝粉还原法是一种高效去除地下水中硝酸盐氮的新技术。但工艺的主要缺点是反应必须在足够高的 pH 值下进行，且需要精确控制体系的 pH 值，否则易发生铝粉的钝化，且受硫酸盐影响较大；另外，铝盐对人体有危害，可能导致脑损伤。

应用铁还原法去除水中的硝酸盐是化学反硝化法中研究得最多的一种技术。由于铁来源广泛，价格低廉，具有还原反应速度快和环境友好性的特点，在地下水污染修复中具有很好的应用前景。早在 20 世纪 70 年代就有人尝试用铁粉还原饮用水中的硝酸盐氮，但是在实验中发现约 75% 的硝酸盐转化为了氨氮，使其认为这一方法在大规模饮用水处理中的应用前景非常有限，直到 90 年代末，铁粉用于脱除饮用水中硝酸盐污染物的研究才重新受到人们的广泛关注。

Huang 等研究了溶液 pH 值和铁与硝酸盐之比对铁粉还原硝酸盐氮的影响。实验表明，溶液 pH 值是影响铁粉去除硝酸盐反应速率的主要因素。溶液 pH 值不小于 5 的条件下，铁粉在 1 小时内与硝酸盐没有发生反应，只有 pH 值不大于 4 时，铁粉（6～10μm，比表面积 0.3125m^2/g）才能将硝酸盐快速还原，且 Fe^0/NO_3^- 比率需不小于 120（$m^2Fe^0/mol\ NO_3^-$），还原产物中 80% 为氨，其还原途径可由下面几个方程式表示：

$$4Fe^0 + NO_3^- + 7H_2O \rightarrow NH_4^+ + 4Fe^{2+} + 10OH^-$$

$$Fe^0 + NO_3^- + H_2O \rightarrow NO_2^- + Fe^{2+} + 2OH^-$$

$$5Fe^0+2NO_3^-+6H_2O \rightarrow N_2(g)+5Fe^{2+}+12OH^-$$

他们认为在酸性条件下，H_2和Fe^0是还原剂，而不是Fe^0的腐蚀产物Fe^{2+}。Zawaideh等也发现在酸性条件下（pH值小于2）铁粉可快速有效还原硝酸盐（95%～100%），而在碱性溶液中（pH值小于11），铁粉只对低浓度的硝酸盐具有较好的去除效果；当溶液pH值为6～8，在没有缓冲剂的条件下硝酸盐的去除率低于50%。实验结果表明，加入HEPES有机缓冲溶剂可使铁粉还原硝酸盐的有效pH值范围拓宽到2～8。Ruangchainikom等在Fe^0还原硝酸盐过程中，以通入CO_2气体来维持溶液的酸性环境，有效地提高了反硝化速率。

大量研究表明，Fe^0还原硝酸盐的反应是耗酸反应，还原过程中溶液pH值迅速升高，反应生成的Fe^{2+}可与OH^-、CO_3^{2-}等离子生成$Fe(OH)_2$、$Fe(CO_3)_3$等沉淀物覆盖于Fe^0颗粒表层，阻碍硝酸盐还原反应的进行，而在酸性条件下，溶液中的H^+可防止沉积物的生成，使Fe^0保持新鲜表面继续与硝酸盐反应。用Fe^0还原NO_2^-，NO_2^-可被完全还原为N_2和NH_4^+。在反应中可能存在两种反应途径：

（1）Fe^0直接还原：

$$3Fe^0 \rightarrow 3Fe^{2+}+6e^-$$

$$2NO_2^-+8H^++6e^- \rightarrow N_2+4H_2O$$

$$NO_2^-+8H^++6e^- \rightarrow NH_4^++2H_2O$$

（2）H原子或H_2间接还原：

$$3H_2+NO_2^-+2H^+ \rightarrow 4H_2O+N_2$$

$$3H_2+NO_2^-+2H^+ \rightarrow 2H_2O+NH_4^+$$

欧美国家将铁屑做成可渗透活性栅（PRB）的填充材料或者填充到床层反应器中，已成功应用于对地下水的原位修复，目前正逐步取代运行成本昂贵的抽水处理技术。PRB技术活性介质目前主要有铁屑、活性炭、沸石、双金属颗粒（Pd/Fe或Ni/Fe）沙、甚至一些微生物等。另外，动电/铁墙（electrokinetics/iron wall）工艺是新兴的一种利用并促进铁还原法进行原位修复的新工艺，该工艺主要用于土壤渗透性较差的区域进行原位修复，NO_3^- 通过电渗和电迁移作用流向阳极，被位于阳极的铁截留并还原。Chew 的研究表明，动电/铁墙工艺可用于修复受 NO_3^- 污染的地下水，在阳极附近无铁墙时，硝酸盐的去除率仅 25%～37%，当铁墙存在时（80 目，20g），$NO_3^- \rightarrow N_2$ 的转化率能提高 2～4 倍，在不同恒压下可达 54%～87%，但是该技术受地下水流和开沟槽深度的限制，且高电压易导致土壤固结和轻微升温，并降低 NO_3^- 的迁移速度。

铁粉由于来源广泛，价格低廉，还原速度快，是一种比较理想的还原剂，主要缺点是这种方法不能将硝酸盐彻底地还原成 N_2，反应后水中有较多的氨氮，需要后续处理，而且反应过程中需要严格地控制 pH 值，使其应用性受到很大的限制。

总的说来，活泼金属还原法的主要缺点在于其主要反应产物并非无害的氮气，并且会产生金属离子、金属氧化物或水合金属氧化物等的二次污染，因而对后处理要求比较高，可能更适合于污水脱氮处理。

1.2 重金属水污染危害及去除技术

1.2.1 重金属水污染危害

重金属污染通常是指 Hg、Cd、Pb、Cr 等生理毒性强的重金属，另外 Zn、Cu、Ni、Mn、Co 等虽然是生命活动必需的微量元素，但是过量时也会产生危害性作用。砷虽然是一种类金属，但是其具有强的生理毒性，危害作用极大，因而在提到重金属污染时，也将其归入毒性重金属污染物。

重金属主要来源于采矿、选矿、冶炼、电镀、化工、制革和造纸等产生的工业废水中。进入水体中的重金属，一部分进入河底沉积物中，在一定条件下又可释放出来，成为潜在威胁。以溶解态存在和被悬浮物中有机和无机成分所吸附的重金属却可随水流而到处迁移。而重金属一旦被水生生物吸收，不能被生物体降解，只能在不同形态间相互转化和分散，并且通过食物链累积到较高的浓度，富集倍数可达成千上万倍，又通过饮水和食物链最终进入人体而蓄积在某些部位，干扰正常的生理功能，损害人体健康。

水体中重金属的毒性效应与重金属的种类、物化性质、浓度、价态、存在形态等因素密切相关。通常，重金属的有机化合物如有机汞、有机砷、有机铅等的毒性要比相应的无机金属化合物大得多，如汞经生物体转化为甲基汞后，其毒性是无机汞的100多倍；六价铬的毒性是三价铬的500倍，三价砷的毒性是五价砷的25～60倍。

进入生物体中的重金属，除以单个离子的形式存在外，还极易与生物体内的生理性高分子如脂肪酸、蛋白质、核酸等形成络（螯）合物。重金属离子及其化合物对生物体的毒性作用取决于其与生命有机体成分的结合作用，这种结合作用越强，产生的毒性作用越大。

由于重金属及其化合物不能被生物体所降解，因而会在某些器官中逐渐蓄积构成终生不可逆的危害，有的几十年后才显露，严重时会使生物突发疾病死亡。如有机汞可损害神经系统，导致神经紊乱，运动失调，出现视力模糊、听力下降、语言障碍等症状，严重时人会因心力衰竭而死亡，死亡率可达40%。有机汞对婴儿的损害更大，可造成婴儿先天性汞中毒。急性汞中毒还会导致肝炎和血尿的发生。Pb^{2+}可经皮肤、消化道、呼吸道等进入人体，在肝、肾、脑组织等处聚积，并通过血液循环扩散到全身，对神经系统、造血系统和肾脏的损害最为严重，中毒者出现头痛、腹痛、疲劳感、肌肉疼痛、食欲不振等症状。Pb^{2+}对儿童的危害极大，可阻碍智力发育，造成长期脑损伤。Cd^{2+}、Pb^{2+}和Hg^{2+}被认为是对人体健康和环境危害最大的三种重金属。Cd^{2+}一旦进入人体，几乎很少能被排出体外，主要在肝、肾、甲状腺等器官中蓄积，导致急慢性中毒，使钙的吸收失调，造成骨质疏松、骨痛、骨萎缩变形等症状，具有“三致”作用。铬既是生物体正常生长所需的微量元素之一，又是一种强毒性污染物，有致癌作用。Cr（VI）的毒性要远大于Cr^{3+}。Cr（VI）有强氧化性，对皮肤和黏膜都具有强烈的腐蚀性。铬及其化合物可在人体内蓄积，导致呼吸道疾病、肠胃道疾病等，对肺、支气管和消化道具有致癌作用。砷是一种致癌物质，饮用水中砷的最高浓度不允许超过0.01mg/L。砷主要通过皮肤接触、呼吸道和消化道进入人体，蓄积在肝脏、肾脏、骨骼、毛发、指甲等部位，导致肠胃、心脏、血管和中枢神经等系统的功能性紊乱和病变，严重时引起砷中毒。铜和锌是生物体正常生长和发育所必需的微量元素，它们的缺乏或过量都会产生危害作用。

重金属污染具有长期性、累积性、隐蔽性、潜伏性和不可逆性等特点，危害大、持续时间长、治理成本高，严重威胁经济社会可持续发展。随着我国工业化进程的加快，长期积累的重金属污染问题开始逐渐显露，部分流域和区域涉重金属重大污染事件发生频繁，仅2011年1～8月，全国发生了11起重金属污染事件，其中9起为血铅事件；2010年，重金属污染发生了14起，其中9起是血铅事件；2008—2009年，重金属污染进入事故频发期，贵州、湖南、广西、云南、河南、陕西均出现特大重金属污染事件，如2009年8月，陕西省凤翔县3个村庄发生851名儿童血铅超标事故；2008年10月份，广西河池砷污染导致450人尿砷超标、4人轻度中毒。重金属污染已经对人类生存造成了严重威胁。

1.2.2 重金属污染物主要去除技术

水中重金属污染处理方法有很多种，常用处理方法有化学沉淀法、氧化还原法、离子交换法、吸附法、植物修复法、膜析法及电化学等。

1.2.2.1 化学沉淀法

该方法具有成本低、操作简单、吸附量大、处理效率高等优点。在沉淀过程中，化学沉淀法是将重金属离子转变成难溶沉淀物，这些难溶物可以通过沉降、过滤等方法而被分离。化学沉淀法包括氢氧化物沉淀、硫化物沉淀和螯合沉淀。化学沉淀法是目前工业过程中使用最为广泛的处理方法。

1. 氢氧化物沉淀法

该方法是将废水中的重金属离子转变为氢氧化物沉淀，再通过絮凝和沉淀而分离的方法。石灰是国内外处理重金属废水最常用的沉淀剂。在沉淀过程中，添加絮凝剂，如明矾、铁盐、有机聚合物等可有效地提高废水中重金属的去除效果。石灰几乎对所有的金属离子都具有很好的去除效果，价格也较为便宜。虽然氢氧化物沉淀法已得到广泛应用，但却存在着泥量大、易堵塞管道、泥渣后处理和出水硬度高的缺点，且泥渣中混有多种金属，不利于金属回收；利用不同的金属离子形成沉淀的 pH 值不同，可将不同金属离子进行分级沉淀，但该方法要求 pH 值控制极其严格，尤其是对于 Zn、Cd、Al 等两性金属离子，这些离子易于与 OH^-形成多级配位的羟基配合物，pH 值的控制就更为严格，但却有利于回收金属；除此之外，当废水中存在络合剂时，将抑制重金属氢氧化物沉淀的形成。

2. 硫化物沉淀法

该方法利用重金属离子与投加的硫化剂（硫化钠、硫化亚铁、硫化氢等）产生的 S^{2-}反应生成难溶性硫化物，经固液分离后可实现净化目的。与氢氧化物沉淀相比，重金属硫化物的溶解度较小、且不存在两性硫化物，可在较宽 pH 范围内大量去除重金属离子。但是硫化剂本身有毒，成本较高，需严格控制投加剂量，否则会造成二次污染。除此之外，大多数重金属存在于酸性介质中，而在该介质中将有大量毒性气体 H_2S 产生，因此该方法更适于对中碱性废水进行处理，此外，金属硫化物易形成胶体沉淀，存在分离困难等问题。

除以上两种沉淀法之外还有螯合沉淀法。较为广泛应用的重金属螯合沉淀剂有三巯基三嗪、钾/钠硫代碳酸盐和二甲基二硫代氨基甲酸钠。但传统的重金属螯合沉淀剂存在缺乏必要的结合位点、环境风险较大等问题。

化学沉淀法适用于高浓度重金属废水的预处理，并不适宜于深度净化。在操作过程中易产生大量的泥渣，如果处置不当，如进行填埋或堆积，会导致土壤、地表水和地下水受到不同程度的污染，一旦污染形成，治理将更加困难。

1.2.2.2 氧化还原法

应用还原剂可以将金属离子还原为金属或低价的金属离子，再将其转化为不溶性氢氧化物沉淀而除去。如在处理含铬废水时，最常用的还原剂是亚铁盐和亚硫酸盐。反应如下：

$$6Fe^{2+} + Cr_2O_7^{2-} + 14H^+ \rightarrow 6Fe^{3+} + 2Cr^{3+} + 7H_2O$$

$$Fe^{3+} + Cr^{3+} + 6OH^- \rightarrow Cr(OH)_3\downarrow + Fe(OH)_3\downarrow$$

由反应可知，反应过程中需投加酸或碱，一方面增加了处理成本，另一方面如果过程控制不好，会导致出水 pH 值不达标。

可渗透反应墙（permeable reactive barrier，PRB）技术，是当污染物通过一个还原区域时，可将具有氧化性的重金属离子还原为低毒性或较难溶解的物质，从而使其从污染区中去除。该技术主要以零价铁为填充物。零价铁（Fe^0）具有成本低、储量丰富、操作简单等优点。

作为一种较强的还原剂，零价铁可以将易迁移的含氧阴离子（如 CrO_4^{2-} 和 TcO_4^-）和含氧阳离子（如 UO_2^{2+}）转化为难溶、难迁移的形态。零价铁可以与环境中水或氧气发生反应，生成 Fe（II）化合物。

$$2Fe^0+2H_2O \rightarrow 2Fe^{2+}+H_2+2OH^-$$

$$2Fe^0+O_2+2H_2O \rightarrow 2Fe^{2+}+4OH^-$$

据氧化还原条件及介质 pH 值的不同，Fe（II）将进一步反应生成磁铁矿（Fe_3O_4）、氢氧化亚铁（$Fe(OH)_2$）、氢氧化铁（$Fe(OH)_3$）等铁（氢）氧化物，反应式如下：

$$6Fe^{2+}+O_2+6H_2O \rightarrow 2Fe_3O_4\ (s)\ +12H^+$$

$$Fe^{2+}+2OH^- \rightarrow Fe(OH)_2\ (s)$$

$$6Fe(OH)_2\ (s)\ +O_2 \rightarrow 2Fe_3O_4\ (s)\ +6H_2O$$

$$3Fe_3O_4\ (s)\ +O_2\ (aq)\ +18H_2O \leftrightarrow 12Fe(OH)_3\ (s)$$

在反应中，零价铁可作为还原剂为重金属离子的还原提供电子，此外，零价铁腐蚀产物铁（氢）氧化物还可以通过吸附、氧化、共沉淀等机理去除重金属离子。然而，可渗透反应墙的完整性有待考察，且可渗透反应墙或模拟可渗透反应墙的有效位置也较难确定。

1.2.2.3 离子交换法

离子交换法最常采用的是各种离子交换树脂。阳离子型交换树脂可用于去除以阳离子形式存在的金属离子，如 Pb^{2+}、Cu^{2+}、Ni^{2+}、Zn^{2+}、Cd^{2+} 等。阴离子型交换树脂则用于去除以阴离子形式存在的金属离子，如 As（Ⅲ）、As（V）和 Cr（Ⅵ）等。也可将阴阳离子树脂串联实现废水中阴阳离子的同时去除。此外，离子交换树脂上携带的特定的功能团也可以从废水中选择性地结合某些贵重金属金、银、铂等，实现治理与回收的双重目的。离子交换树脂处理的废水对金属的浓度要求不高，并且出水净化度高，处理效果好，无污泥产生，但缺点是离子交换树脂易受污染或因氧化而失效，此外交换树脂价格较高，操作费用高，因而在较大规模的废水处理中很少被采用。

研究表明，价格低廉、储量丰富的天然沸石和膨润土也可通过离子交换反应去除废水中重金属阳离子，但目前尚处于实验研究阶段。

1.2.2.4 吸附法

重金属废水处理技术中，吸附法具有吸附剂材料来源广泛、种类繁多、吸附效果好、操作简便、能耗低、二次污染小、可重复使用、实现贵重金属回收等优点。按吸附材料的化学结构不同可分为碳质吸附材料、无机吸附材料、高分子吸附材料和生物吸附材料。

1. 碳质吸附材料

碳质吸附材料主要有活性炭和碳纳米管。活性炭是一种含碳的多孔性物质，有粒状和粉末状两种。碳是活性炭的主要成分，此外还存在少量的O、H、S等。活性炭之所以吸附能力强，是由于其具有大的比表面积（800～3000m^2/g）和特别发达的孔隙结构。非专属性的物理吸附是活性炭主要的吸附方式，因而活性炭对废水中有机物的去除能力很强。虽然粉末状活性炭的吸附能力较强，但是制备需要高温条件，再生较为困难，难于重复使用和回收。颗粒状活性炭的吸附能力虽然低于粉末状的活性炭，生产成本也较高，但是可再生，并可实现重复利用。

碳纳米管有单壁碳纳米管（SWCNTs）和多壁碳纳米管（MWCNTs）两种。碳纳米管具有中空和层状结构，大的比表面积，良好的机械和化学稳定性，但是其本身对金属离子的吸附能力有限，一般需要经过改性。近年来，改性碳纳米管在废水处理方面得到了很好的应用。

2. 无机吸附材料

无机吸附材料主要有矿物材料、金属基材料和硅胶材料等。矿物材料中用于废水处理的矿物材料常见的有沸石、膨润土、高岭土、蒙脱土、凹凸棒、海泡石、轻磷灰石等，这些矿物材料的来源广泛、种类多，最重要的是价格低廉，因而在废水处理方面得到了国内外研究者们极大的重视，具有十分重要的发展潜力。矿物材料通常具有可交换性阳离子、表面负电荷、表面活性羟基、大的比表面积和通道结构等特性。但是，未经处理的矿物材料通常吸附量都比较低，因而大部分研究都集中在采用不同方法改性以增强其吸附能力，无机和阴阳离子表面活性剂的改性是最常见的改性方法。

3. 金属基材料

应用在废水处理方面的金属基材料主要包括金属离子及其氧化物。金属离子多为高价金属离子，如 Fe^{3+}、$A1^{3+}$、Zr^{4+}等，在复合材料中可通过吸附作用和水解后形成多齿配位体的离子交换和螯合作用去除重金属离子。除此之外，以金属离子作为模板制备离子印迹吸附剂可以选择性识别特定的重金属离子，从而达到选择性去除的目的，甚至可以回收某种具有使用价值的贵重金属。氧化铁如 Fe_2O_3和 Fe_3O_4是最常用的无机金属氧化物之一，可与其他物质制成复合材料，除发挥一定的吸附能力外，还具有磁分离的作用。其他的金属氧化物如 NiO、ZrO_2、TiO_2、MnO_2等常被应用在重金属废水处理中。

4. 硅胶材料

硅胶常采用的是人工合成的多孔 SiO_2，其具有杂质含量低、稳定性高等优点，可根据不同的需要来制备不同粒度、形状和结构的硅胶。在水溶液中，硅胶可与水作用形成硅羟基，使其具有活性吸附位点，具备离子交换作用。也可以通过多种化学反应将其他材料引入，形成具有高吸附性能的复合型吸附材料。

5. 高分子吸附材料

高分子材料有天然和人工合成之分。天然高分子是指天然存在于动植物和微生物体内的大分子有机化合物，具有天然来源、储量大、富含功能团、易生物降解、对环境无污染等优点。作为吸附材料用在废水处理中的天然高分子主要有淀粉、纤维素、木质素、甲壳素、壳聚糖、海藻酸等。Yan 和 Bai 制备了壳聚糖凝胶球来去除水体中的 Pb^{2+}和腐殖酸，他们发现先吸附的腐殖酸可以增强 Pb^{2+}的吸附量，但是先吸附的 Pb^{2+}却降低了腐殖酸的吸附量。Albadarin 等以木质素作为吸附剂来去除水体中的 Cr（VI），考查了共存离子和盐的影响，并探讨了木质素吸附 Cr（VI）的机制。Gotoh 等制备了海藻酸钠-壳聚糖凝胶球用来吸附重金属离子。研究发现该复合球对 Cu^{2+}、Co^{2+}和 Cd^{2+}的吸附速率非常快，10 分钟即可到达吸附平衡。

6. 生物吸附材料

采用生物法吸附去除废水中的重金属，是近年来研究的热点之一。生物吸附材料主要是指各种微生物（活体、死体及其衍生物）和各种农林渔业的副产物或废弃物。采用微生物吸附技术来处理重金属废水，甚至回收有用贵重金属，可达到以废治废的目的，具有很广阔的发展前景。但原始的微生物和农林渔业废弃物活性组分含量较低，吸附能力有限，通常需要经过处理后才能应用于废水处理中。此外，采用活体微生物还要供给营养、避免重金属的毒害效应。粉末级别的生物吸附剂具有粒径小、机械强度弱，难于分离，质量损失和低密度的缺点。这些缺点使其难于用在固定床或其他持续流动系统来处理各种来源的废金属。当使用生物吸附剂（如原始海藻）时，一些有机物如碳水化合物和蛋白质在处理过程中可能发生流失，从而造成水体 TOC 值增大。

采用包覆技术可以克服上述提到的多种缺点。将生物质包埋在天然或人工合成的聚合物基质中，形成聚合物凝胶是最常用的方法之一。海藻酸钠、琼脂、卡拉胶、硅胶、壳聚糖、聚砜、聚丙烯酰胺、聚氨酯等常被用作微生物包覆的基质，可增强生物吸附剂的化学和机械稳定性，使其呈现出较理想的物理和化学特点，如可控的形状、尺寸粒径、孔隙度等增强其工业化应用的潜力。但包覆技术可能会增大传质阻力，降低吸附速率。

由于生物质种类的不同，生物质对重金属离子的吸附机理也各有不同，主要机理有离子交换、静电吸附、表面络合和氧化还原机理等。然而，生物吸附仅在处理较低浓度废水时有较大的优势，不适宜于较高浓度重金属废水的处理。

1.2.2.5 植物修复法

植物修复（phytoremediation）技术是以植物耐受和超量积累某种或某些化学元素的理论为基础，利用植物及其共存微生物体系清除环境中污染物的一项环境污染治理技术。水生植物尤其是藻类和一些沉水植物修复重金属污染水体具有投资小、针对性强、吸附量大、污染小、效率高等优点，尤其对于低浓度及一般方法不易去除的重金属可以选择性地去除，因而具有显著而独特的经济价值和生态效益。利用水生植物对水体重金属进行修复已成为环境科学领域的研究热点。

水生植物根据其生活方式一般分为挺水植物（灯心草可作为锌污染水的植物修复；香蒲可用于钼废水的修复）、浮水植物（浮萍对As、Zn、Pb、Cd、Cu、Hg的富集系数均大于1）、沉水植物（黑藻具有处理低浓度铜和砷单一及复合合污染水体的潜力；轮叶黑藻对Pb有较好的吸附能力）和漂浮植物。其中挺水植物、浮叶植物、沉水植物在植物修复方面的研究均已开展并取得相应成果，而漂浮植物的相关研究未见报道。

植物修复法具有成本低、操作简便的优点。富集重金属的植物的有效后处理不仅可以回收重金属还可以避免二次污染，在治理污染的同时获得一定的环境效益和经济效益。但具有重金属修复潜能的植物种类少、生物量小，且植物的富集能力和选择性有限，难以有效去除废水中的所有重金属，同时超积累植物的季节性生长和重金属的植物毒性也是限制重金属植物修复的重要因素。

1.2.2.6 其他处理技术

除以上常见重金属处理方法外，膜析法及电化学等方法也可用于处理重金属污染废水。膜分离技术是通过一种特殊的半透膜，将水与重金属分离出来的方法。膜分离技术主要包括反渗透、电渗析、扩散渗析、液膜、超滤、微滤和纳滤等等。反渗透利用一种只允许纯净溶液通过的半透膜，将重金属离子除去，反渗透最大的缺陷是泵压力和膜的修复需要较高的能量；电渗析是指在电场驱动下使得被分离的离子从一种溶液流向另一种溶液，该过程中常用到离子交换膜，然而，由于涉及电场，其去除速率受电压、电流等影响；电化学法涉及利用电解法在阴极表面分离重金属，使重金属恢复到单质状态，该方法虽然快速、易控，但较高的初始投资资本和电力供应限制了它的发展。

1.3 纳米零价铁性质及应用

1.3.1 纳米零价铁的性质

纳米零价铁比表面积大，反应活性高，比表面积分析（BET）结果为35m^2/g，纳米零价铁具有强还原性，反应过程中很容易被氧化成铁氧化物 Fe_2O_3 或 Fe_3O_4。实验室合成的纳米零价铁具有球形结构（图 1-4），80% 的颗粒尺寸在 50～100nm 之间。纳米零价铁具有核壳双重结构，核心是结实的零价铁 Fe^0，呈金属铁体心立方晶体的扩散环结构，周围包覆一层较薄的氧化壳 FeOOH，该壳厚度多为 2 ~ 4nm，FeOOH 壳结构被认为是纳米零价铁与生俱来的，即纳米零价铁合成时就形成 FeOOH 钝化层。因磁性和静电引力作用，纳米零价铁易形成链状结构，常呈典型簇状，具有连续的氧化壳，但金属核心被更薄的一层氧化膜相互隔离，且氧化层为非晶体态，这可能是由于纳米零价铁半径小、氧化层曲率大、产生较大的张力妨碍晶体的生成所致。

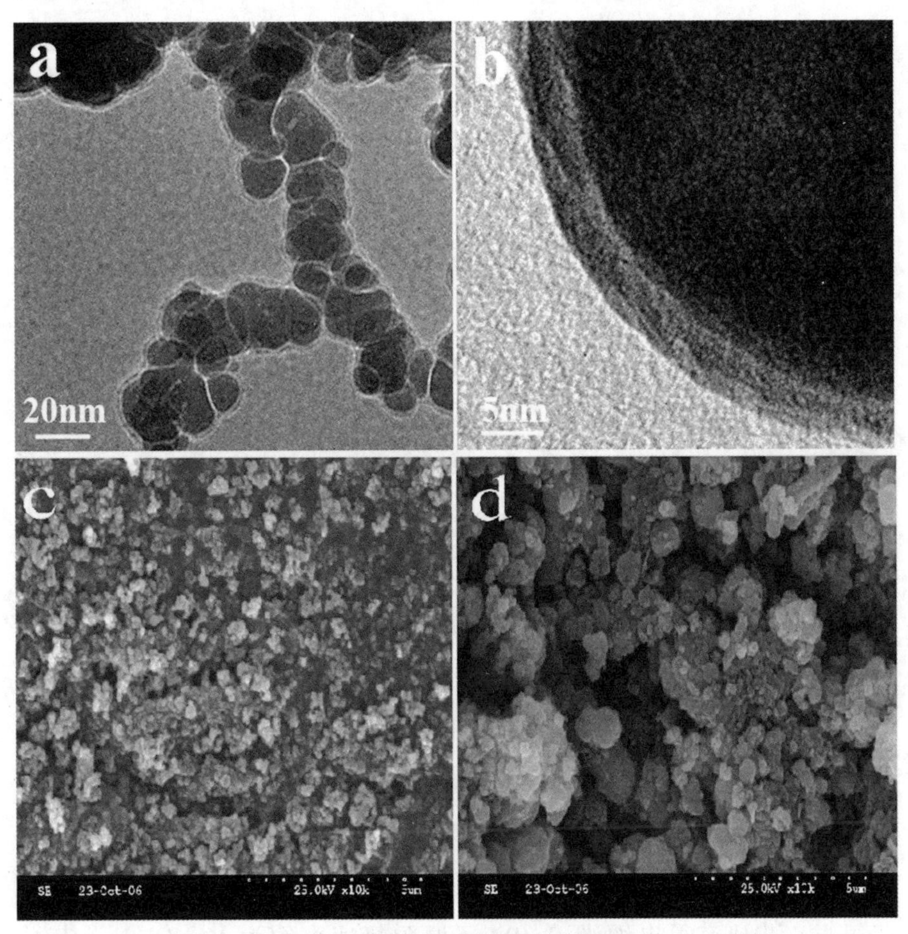

图 1-4 纳米零价铁透射电镜图片

1.3.2 纳米零价铁在污染物修复中的应用

近年来，将纳米零价铁用于环境污染的修复是一种新的污染控制技术。与普通铁粉相比，由于纳米零价铁具有较高的比表面积（纳米零价铁 33.5m^2/g，普通铁粉 0.9m^2/g）及优良的表面吸附和化学反应活性，可对环境中卤代烃、多氯联苯（PCB）、有机氯农药、杀虫剂、染料、重金属离子、硝酸盐、铬酸盐及砷酸盐等多种污染物进行还原修复，并可减少毒性副产物的生成。合成的纳米铁颗粒可以直接注入被污染的蓄水层进行原位修复，以替代传统 PRB 技术和地下水抽取治理的方法。

1.3.2.1 有机污染物修复中的应用

研究表明，与普通铁粉相比，纳米零价铁的应用大大提高了还原反应速率，且减少了中间副产物的生成。为了进一步提高纳米零价铁的反应活性，国内外学者将 Pd、Pt、Ni、Ag、Cu 等催化剂金属负载于纳米零价铁颗粒表面，制成纳米铁二元金属复合材料，并应用于有机氯代污染物的脱氯反应中，进一步提高了零价铁的反应活性，改变了其反应路径，减少了有毒副产物的产生。

W. X. Zhang 等合成了纳米 Fe/Pd 双金属颗粒和纳米零价铁，并对三氯乙烷（TCM）、三氯乙烯（TCE）和四氯乙烯（PCE）进行还原脱氯，实验结果表明，纳米 Fe/Pd 可在 8h 内将污染物降解至检出限（$<10\mu m$）以下，其主要产物为乙烷；而纳米零价铁在 24h 内降解了 99%污染物；实验室合成的纳米颗粒在 6～8 周仍具有一定的活性；经过进一步研究得出纳米 Fe/Pd 还原脱氯速率约为 1mg/g · h，其总能力为 100～200mg/g 纳米铁，比传统铁粉（$>10\mu m$）大 1～3 个数量级。

1.3.2.2 无机污染物去除中的应用

1. 纳米零价铁去除硝酸盐污染物

目前，应用纳米零价铁去除硝酸盐的研究并不多。Choe 在无氧条件下对纳米铁粉的反硝化过程及其反应动力学进行了研究，结果表明纳米零价铁还原硝酸盐氮的过程无需 pH 值控制。实验中纳米零价铁能够在 30min 内将所有的硝酸盐完全还原成 N_2，几乎没有中间产物产生，但在其结论中并未给出总氮平衡。

Chen 等结合电化学方法和超声波技术制备了纳米零价铁，并将其应用于硝酸盐污染的去除中，通过与微米零价铁的对比实验表明，微米铁颗粒将硝酸盐全部转化为了氨氮，而纳米零价铁氨氮转化率为 36.2%～45.3%，其余部分可能生成了氮气。

多数研究显示纳米零价铁可将部分硝酸盐转化为氮气，Liou 考察了制备过程中 Fe^{3+}浓度对纳米零价铁颗粒粒径的影响，并在没有缓冲剂存在的条件下，对不同粒径的纳米零价铁去除硝酸盐的反应速率进行了研究。当 Fe^{3+}浓度为 0.01M 时，合成的纳米零价铁表现的反硝化速率较 1.0M 和 0.1M Fe^{3+}浓度制备的纳米零价铁高 5.5～8.6 倍，反应过程中总氮质量平衡为 95.7%，其中 NH_4^+-N 为 57.4%，NO_3^--N 为 30.8%，约有 7.5% 的硝酸盐转化为了 N_2。

由于新鲜制备的纳米零价铁在空气中可能会自燃，被空气中的 O_2 氧化，有的学者对纳米零价铁老化不同时间以后的反应活性变化进行了研究。据 Sohn 报道，将新合成的纳米零价铁缓慢暴露于空气中，在其表面可形成一层稳定的氧化膜，从而使纳米颗粒可以稳定存在于空气中，但同时纳米零价铁的反应活性下降了 50%，实验结果表明，包覆氧化膜以后的纳米零价铁所具有的反应活性仍高于商业铁粉和普通铁粉的反应活性。

零价铁系纳米双金属材料目前多用于有机污染物的脱氯反应，除了台湾学者 Liou 以外，其他有关纳米零价铁双金属颗粒去除硝酸盐的研究报道非常少。据 Liou 研究，采用纳米零价铁双金属材料去除硝酸盐，可明显提高硝酸盐还原速率，尤其是纳米 Fe/Cu 颗粒，实验结果表明，当 Cu 负载量为 5% 时，其反应活性升高为纳米零价铁的 3.6 倍，同时还原过程中有 22% ~ 40% 的 NO_2^- 被释放到溶液中。金属 Cu 的引入不仅提高了纳米零价铁的反应活性，而且改变了硝酸盐还原产物的组成分布。但应用纳米零价铁还原硝酸盐其主要产物以氨氮为主。

2. 纳米零价铁去除重金属污染物

Li 和 Zhang 等研究表明，在 pH 值为 4 ~ 8 时，纳米零价铁对 Cr 的去除能力为 180 ~ 50mg Cr/g nZVI，而相同条件下微米铁（100 目）对 Cr 的去除能力则小于 4mg Cr/g Fe。5g/L 的纳米零价铁剂量处理 1000mg/L Ni 溶液，去除率为 65%，去除能力为 0.13g Ni/g Fe（4.43mequiv Ni^{2+}/g），远大于高岭石等其他无机吸附材料。2g/L 的纳米零价铁剂量可将水溶液中 Zn 浓度从 800mg/L 降到 15mg/L，去除能力最大达 393mg Zn/g nZVI。Ponder 等的研究表明纳米零价铁材料对水体中的 Cr（Ⅵ）和 Pb^{2+} 有快速的分离和去除作用，反应速率常数为普通铁粉的 30 倍。

纳米零价铁对重金属的去除作用与重金属的标准氧化还原电势有关。Zn^{2+} 和 Cd^{2+} 的标准氧化还原电势 E^0 非常接近或低于 Fe^{2+}/Fe（-0.44V），纳米零价铁对它们的作用主要为吸附及形成表面复合物；Cu^{2+}、Cr（Ⅵ）、Ag^+ 和 Hg^{2+} 标准氧化还原电势 E^0 远大于 Fe^{2+}/Fe，其去除机理则主要是被 Fe^0 还原；而对于标准氧化还原电势 E^0 稍大于 Fe^{2+}/Fe 的 Ni^{2+} 和 Pb^{2+}，纳米零价铁通过吸附和还原双重作用将 Ni^{2+} 和 Pb^{2+} 固定在纳米粒子表面。

Ponder和Zhang研究表明，Fe^0将Cr（Ⅵ）还原成Cr（Ⅲ）后，FeOOH吸附生成的Cr（Ⅲ）形成铬铁氢氧化物$(Cr_{0.67}Fe_{0.33})(OH)_3$钝化层，铬铁氢氧化物壳结构较稳定，因而增加了电子从Fe^0转移到Cr（Ⅵ）的阻力，使还原速率逐渐降低而开始吸附铬酸盐和重铬酸盐。Geng等研究表明纳米零价铁表面的Cr元素有92%是Cr（Ⅲ），有8%是Cr（Ⅵ）。

Ni^{2+}的氧化还原电势为-0.24V，很容易被Fe^0还原，Li和Zhang经实验证明了纳米零价铁去除Ni^{2+}是吸附与还原协同作用的过程。纳米零价铁与Ni^{2+}反应的初始阶段，纳米零价铁会先吸附Ni^{2+}于外表面，此过程包括物理吸附和化学吸附，然后随着反应的进行，Ni^{2+}被转移到纳米零价铁体系内表面与Fe^0反应，Fe^0逐渐将Ni^{2+}还原成Ni，直至平衡，在纳米零价铁表面Ni^{2+}和Ni^0是均匀分布的，有50%是以Ni^0的形式存在，50%是以Ni^{2+}的形式存在。

砷元素在水中以亚砷酸盐As(Ⅲ)和砷酸盐As(Ⅴ)形态存在，亚砷酸盐H_3AsO_3在水中处于未解离态，砷酸盐As(Ⅴ)有H_2AsO_4或$HAsO_4{}^{2-}$。研究结果表明，纳米零价铁能以较快的反应速度将As（Ⅴ）还原成As（Ⅲ）和As（0）。而纳米零价铁与As（Ⅲ）反应是吸附和氧化还原的过程，纳米零价铁既能将As（Ⅲ）还原成As（0），也能将其氧化成As（Ⅴ）。Ramos等测得反应后的总纳米零价铁表面含有51%的As（Ⅲ）、14%的As(Ⅴ)和35%的As（0）。As（Ⅲ）的还原主要由Fe^0作用，而FeOOH不仅能将As（Ⅲ）氧化为As（Ⅴ），还可吸附As（Ⅲ）和As（Ⅴ），因此，纳米零价铁体系能与As多层反应，达到去除效果。

纳米零价铁对Pb^{2+}具有较好的去除效果，Li等的研究表明，纳米零价铁表面存在的铅元素以Pb^0和Pb^{2+}两种化学形态存在，纳米零价铁对铅的去除同时存在还原作用和吸附作用，Fe^0将Pb^{2+}还原为Pb^0，FeOOH则根据表面化学和水化学的原理大量吸附铅元素，从而达到很好的去除效果。Ponder 等研究也表明，负载型纳米零价铁（Supported nZVI）可以更快速地把铅从水溶液中分离出去，把 Pb^{2+} 还原成 Pb^{0}，同时零价铁被氧化成 FeOOH。

1.4 纳米零价铁改性

纳米零价铁及其复合材料在环境污染修复方面展现出很大的潜在优势和应用前景。但新鲜制备的纳米零价铁不稳定，这就限制了纳米铁系材料的实际应用。例如：

（1）纳米颗粒粒径小，极易团聚，不但严重地影响了降解效率，而且不利于纳米颗粒在水体和土壤中的迁移，对环境中受污染河流或土壤的修复造成了一定的困难，因此，需解决纳米颗粒分散性问题。

（2）纳米零价铁系材料稳定性差，在环境中易氧化甚至自燃，需要苛刻的操作条件，污染物的处理反应需要在无氧的条件下才有较好的效果。

（3）在液相中处理疏水性有机物时，由于纳米材料极性与其不同，两者难以接触而使反应速率降低。因此改善纳米铁材料的稳定性，拓宽其应用途径，提高其实际应用价值，对实现多种环境污染物的修复具非常重要的意义。

纳米零价铁的修饰技术研究主要集中在抑制纳米颗粒团聚、提高颗粒在环境中的迁移能力和增强纳米零价铁对环境污染物的去除效率等方面。综合近几年来的研究成果，将纳米零价铁颗粒负载到固体载体上可以增大纳米颗粒的比表面积，抑制团聚的发生，此外在纳米零价铁颗粒表面包裹聚合高分子电解质或表面活性剂，通过空间位阻或者静电斥力也可有效减少纳米颗粒团聚程度，增强纳米零价铁颗粒在水体或土壤中的流动性。这些工作的开展为纳米零价铁在环境修复中的推广和应用提供了丰富的理论基础。

1.4.1 固体负载

负载技术一般是通过高温煅烧或离子交换，将生成的纳米零价铁颗粒负载到固体载体上，这样就能够减少团聚，增强纳米铁在环境中的迁移能力，有利于对土壤、地下水及受污染河流的修复。同时，很多固体载体具有很强的吸附能力，例如碳和硅的孔状结构能够将水体中的污染物吸附在颗粒表面，从而加快反应速率。研究较多的固体载体主要有硅、活性炭、树脂等。

1.4.1.1 硅负载

Zheng 等向三氯化铁溶液中加入正硅酸乙酯和乙基三乙氧基硅烷，通过气溶胶辅助过程，将混合溶液以细微的气溶胶液滴形式加入干燥器中，经过高温煅烧制备了带有疏水烷基基团的多孔硅结构。然后将收集到的硅颗粒用硼氢化钠滴定后得到纳米零价铁颗粒。疏水的烷烃基团能有效地将环境中不易溶于水的有机物吸附到颗粒表面，增加颗粒表面三氯乙烯浓度，从而缩短了降解时间。

1.4.1.2 碳载

炭黑表面积大，化学性质稳定，具有很强的吸附能力，将纳米零价铁负载到炭黑上，能有效降低纳米颗粒团聚，提高迁移能力。Choi 等制备了一种活性炭/零价铁/钯（RAC）微球并用这种微球来降解二氯联苯。活性炭对二氯联苯只表现出很强的吸附作用。RAC 微球对二氯联苯的降解可以分为吸附-降解-吸附 3 个过程。在这个过程中，吸附作用决定了降解过程的快慢。Zhu 等则考虑了环境中常见的阴离子和阳离子以及腐殖酸对活性炭负载的纳米零价铁颗粒去除砷酸盐和亚砷酸盐的影响。通过实验证明，磷酸盐和硅酸盐会明显降低该物质对砷酸盐和亚砷酸盐的去除效率，而阴离子和腐殖酸对去除影响不大，二价阳离子如钙离子和镁离子能够提高对砷酸盐的吸附效果，而亚铁离子则会抑制亚砷酸盐的吸附。

1.4.1.3 树脂负载

Li 等采用阳离子交换树脂作为纳米零价铁载体并应用于对十溴联苯醚的降解。纳米零价铁颗粒负载到阳离子交换树脂上可有效增大表面积，提高降解速率，反应 8h 时，可以完全降解十溴联苯醚，而使用微米零价铁颗粒完成降解需要 40 天时间。

1.4.2 表面改性

1.4.2.1 表面活性剂改性

Cho 等研究了不同类型表面活性剂对降解四氯乙烯的影响。在零价铁颗粒对非离子表面活性剂 TritonX-100 和阳离子表面活性剂十六烷基三甲基溴化铵的吸附实验中发现，表面活性剂使用量与零价铁颗粒表面形成胶束的量成相反的关系。在降解实验中，前者的降解速度也恰恰是后者的 2 倍。而使用阴离子表面活性剂十二烷基苯磺酸钠时得到的结果相反，在低浓度下十二烷基苯磺酸钠对溶液中有机物亲和力低，而在高浓度下亲和力较高。

Zhu 等研究了表面活性剂对铁钯纳米颗粒降解 1,2,4-三氯代苯的影响。加入阳离子表面活性剂十六烷基三甲基溴化铵后，降解速率常数可以增加 1.5～2.5 倍，采用阴离子表面活性剂十二烷基硫酸钠、壬基酚聚氧乙烯醚和 TritonX-100，1,2,4-三氯代苯的降解速率只有略微增加，当表面活性剂的浓度高于自身临界胶束浓度时降解效率出现下降趋势。

1.4.2.2 高分子电解质

有些高分子化合物在溶液中可以解离成离子，这类物质被称为高分子电解质，其中最重要的是蛋白质。蛋白质的结构特点是同时具有多个羧基和氨基，能与纳米零价铁颗粒以共价键结合，常见的有淀粉、羧甲基纤维素钠、聚丙烯酸钠和生物胶等。淀粉的结构中带有大量的羟基和羧基，能与铁离子或纳米颗粒通过微弱的共价键结合在一起，使纳米颗粒均匀分散。

He 等制备出一种淀粉和纳米零价铁的团簇，团簇增强了纳米颗粒的稳定性，降低了纳米颗粒团聚，淀粉作为稳定剂的同时也改善了纳米零价铁的粒径和表面积。在降解三氯乙烯的实验中，加入淀粉的铁钯纳米颗粒在 1h 内降解了 98% 的三氯乙烯。在降解多氯联苯的实验中，与没有加入淀粉的铁钯纳米颗粒相比，加入淀粉的纳米颗粒在 100h 内降解了 80% 以上的多氯联苯，而前者降解效率只有 24%。

He 等使用羧甲基纤维素钠作为纳米零价铁的稳定剂，通过分析高分子电解质加入前后傅里叶拉曼光谱的变化，推测出了羧甲基纤维素钠和纳米颗粒通过 4 种方式结合，分别为单齿螯合、双齿螯合、双齿搭桥和离子键相互作用。羧甲基纤维素钠中有大量的羟基，虽然羟基和金属的结合力不如羧基与金属的强，但也是影响羧甲基纤维素钠和纳米零价铁结合的一个重要因素。Xiong 等用羧甲基纤维素钠作为纳米零价铁的稳定剂，研究了各种离子对去除硝酸盐的影响。加入羧甲基纤维素钠前后纳米零价铁去除硝酸盐的效率相差 5 倍之多，另外溶液的酸度和盐效应对去除效果也有不同程度的影响。

Fatisso 等研究了水体中天然有机物对被羧甲基纤维素钠包裹前后的纳米零价铁团聚尺寸和表面电荷的影响。利用具有检测能量耗散功能的石英晶体微天平检测包裹羧甲基纤维素钠前后的纳米颗粒在石英表面的沉淀速率，结果证明，采用共价键结合到纳米零价铁表面的羧甲基纤维素钠能够有效抑制纳米颗粒在水体中的团聚。静电斥力是羧甲基纤维素钠能够抑制纳米零价铁颗粒团聚的主要原因。天然有机物，如富里酸和一些生物表面活性剂对纳米颗粒的团聚和迁移也有不同的影响。

Wang 等用聚甲基丙烯酸甲酯包裹纳米零价铁颗粒，该实验发现原甲基丙烯酸甲酯可以有效避免纳米颗粒被空气、水以及其他非目标化合物过度氧化。同时，聚合高分子电解质可以促进水体中三氯乙烯在颗粒表面上的富集，加快去除污染物的效率。

Tiraferri 等采用瓜尔胶作为纳米零价铁颗粒的稳定剂，结果证明瓜尔胶能抑制纳米铁颗粒团聚并且适当调节瓜尔胶的用量可以得到不同粒径的纳米零价铁颗粒。在碱性条件下，加入瓜尔胶的纳米零价铁颗粒表面形成较弱的负电层，通过静电斥力能够使纳米零价铁稳定分散。与其他稳定剂如藻酸盐、淀粉的对比实验发现使用瓜尔胶作为稳定剂取得的效果最好。黄原胶是一种由假黄单胞菌属发酵产生的单胞多糖，Comba 等用黄原胶作为稳定剂使高浓度的纳米零价铁颗粒能够长时间的稳定存在并有效抑制团聚和沉淀的发生。

Wang 等通过微乳液法制备了聚合物包裹的纳米零价铁颗粒并应用于降解水体中的三氯乙烯。实验对影响降解效率的因素如 pH 值、离子强度、纳米零价铁含量和三氯乙烯的起始浓度进行了讨论。聚合物的存在除了能够保护纳米零价铁颗粒不被环境介质过度氧化外，还能够使被包裹后的纳米颗粒和三氯乙烯互溶。

Bai 等将纳米零价铁包裹到聚乙烯醇微球中或者固定在聚乙烯醇微球表面，合成了两种不同尺寸的纳米零价铁/聚乙烯醇微球，亚铁离子可以通过螯合作用和聚乙烯醇结合并分散在微球的表面，600 ~ 700μm 的大尺寸纳米零价铁/聚乙烯醇微球较 10 ~ 12μm 的小尺寸纳米零价铁/聚乙烯醇微球更易在聚乙烯醇微球表面均匀分散。

Sunkara 等用碳微球吸附铁盐，采用炭热法制备纳米零价铁颗粒，接着在制备的微球表面吸附一层羧甲基纤维素钠。通过这种方法制成的复合微球在水相中的分散性较活性炭负载的纳米零价铁颗粒明显增强。在水和三氯乙烯两相体系中，复合微球具有特殊的分配性能，疏水性的碳微球被亲水性的羧甲基纤维素钠包裹，形成粒径为500nm的、同时具有亲水和疏水特性的微球，这种特殊性质有利于清除环境中非水相液体污染物。

Karolina等以谷氨酸为稳定剂，制备出了无机-有机双壳稳定化的纳米零价铁，它可在大气环境中稳定存在数月。成岳等应用流变相法，制备出了羧甲基纤维素包覆的纳米零价铁，并将其应用于活性艳蓝的去除中，实验结果表明，包覆型纳米铁的投加量为6g/L时，反应30min，活性艳蓝的去除率可达到96%。Achintya等用海藻酸钙生物聚合物对纳米零价铁进行包覆，可延长其稳定存在的时间。

用聚合高分子电解质包裹纳米零价铁颗粒会在一定程度上降低去除环境污染物的效率，但同时也能避免人工纳米材料对环境造成的负面影响。

1.4.2.3 β-环糊精的性质

β-环糊精（β-CD）是由7个D-吡喃葡萄糖通过1,4糖苷键首尾相连而成的环状低聚糖，是环糊精家族最常见的一种，具有内腔疏水而外部亲水的特性，可与许多有机和无机分子形成包合物及超分子组装体系。β-环糊精聚合物保留了环糊精的空腔结构，内部呈三维空间网络结构，疏松成蜂窝状，具有较高的吸水性，且无毒，生物利用度高，因此在催化、分离、化学、环保、食品及药物领域具有重要的研究和应用价值。

李瑞雪等以环氧氯丙烷为交联剂，以羧甲基-β-环糊精为表面修饰剂对 Fe_3O_4 纳米粒子进行包覆修饰，制备了交联β-环糊精聚合物/Fe_3O_4 复合纳米颗粒，一方面防止了 Fe_3O_4 磁性纳米粒子的团聚和氧化，同时对萘分子具有较好的包合作用。邹东雷制备了水不溶性β-环糊精，并考查了其对硝基苯微污染水的吸附作用性能及β-环糊精聚合物的再生性能，结果表明以乙醇为再生剂连续再生4次后，聚合物吸附效率仍可达80%以上。

1.4.2.4 海藻酸钠的性质及其应用

海藻酸钠（SA）是一种天然高分子多糖化合物，安全无毒，具有成本低、可生物降解等优势，被广泛应用于食品、药学及生物技术领域,主要对具有易氧化、易失活等特征的物质成分进行稳定和包覆。

张静进等利用海藻酸钠包覆包埋活性炭与多黏类芽孢杆菌GA1，并研究了包覆小球对Pb^{2+}的吸附特性，研究表明其对Pb^{2+}具有较好的吸附性能，最大单分子层吸附量为370.37mg/g，且可循环利用。朱文会等针对Fe^0利用率低的问题，研究了海藻酸钠（SA）包覆型铁粉填料（SAC）和SA包覆型Fe-Cu双金属填料（SAB）对受污染地下水Cr（Ⅵ）的去除影响，结果表明，SAB效果最好，SAB中双金属的化学吸附占主导作用，SA自身对Cr（Ⅵ）的吸附容量很小。

但单一海藻酸钠包覆菌或酶时，存在结构相对疏松、易碎、容易泄露等问题。将β-环糊精、明胶引入水凝胶可改善凝胶结构，拓宽海藻酸钠应用范围，并延长包覆物释放时间。

1.4.2.5 明胶的性质及其应用

明胶是一种从富含动物胶原的动物组织中提取出来的两性胶原蛋白，是一种多肽物质，其化学组成如下：脯氨酸为14%，精氨酸和苯胺酸占总量的20%，甘氨酸占26%，谷氨酸和羟脯氨酸占总量的22%，赖氨酸占5%，天冬氨酸占6%，颉氨酸、丝氨酸和亮氨酸各占2%，异亮氨酸、苏氨酸为1%等。明胶是微黄色、无任何气味、质地透明、不挥发而且坚硬的非晶体物质。明胶由于其高分子聚合物的特殊性，所以既没有固定的构造，也没有固定的相对分子质量。明胶不溶于冷水，但可以缓慢吸收水分并膨胀软化；明胶能溶于热水，常温下可以溶于乙酸。明胶具有很好的成膜性、分散稳定性、亲和性、韧性、持水性及可逆性等，同时还具有一定的乳化性。

明胶是常见的药用高分子辅料，可以应用于各种药物制剂中，广泛地被用作微囊、硬胶囊和软胶囊等的骨架材料，还被应用于食品添加剂和相片胶卷的乳液中。

本书主要研究环境友好型材料海藻酸钠、明胶、β-环糊精等为包覆材料，对新鲜制备的纳米铁颗粒进行稳定化包覆，并将其应用于水中 Cd^{2+}、Pb^{2+}等重金属污染物的修复。

本书研究的纳米零价铁稳定化工艺，可有效防止纳米零价铁在空气中被氧化，增强其稳定性；制备的包覆材料可高效去除水中的 Pb^{2+}、Cd^{2+}等重金属离子。本书提供的技术参数可为包覆型纳米零价铁的实际应用提供理论依据；包覆材料便于储存和运输，为水环境中重金属离子修复提供了参考；聚合物包覆材料回收方便，为重金属离子及纳米零价铁的回收提供了新的途径，可减小纳米材料对环境的副作用，具有较好的生态效应和社会效应，对拓宽纳米零价铁环境污染修复应用及复合污染修复途径具有重要的参考价值。

第2章

铁屑及纳米零价铁去除硝酸盐的研究

2.1 实验材料与方法

2.1.1 仪器和药品

2.1.1.1 实验仪器

本实验所用的主要仪器设备见表 2-1。

表 2-1 实验仪器和设备

仪器名称	生产厂家
THZ-82B 气浴恒温振荡器	江苏金坛医疗仪器厂
Delta-320 系列 pH 计	梅特勒-托利多仪器上海有限公司
752N 紫外可见分光光度计	上海精密科学仪器有限公司
ICP-AES（IRIS Intrepid Ⅱ XSP）	美国热电公司
离子色谱（Dionex，ICS-1500）	美国戴安公司
BT01—YZ1515 恒流泵	天津市协达电子有限公司
真空气体分配器	北京欣维尔有限公司
数显电动搅拌器	山东鄄城华鲁电热仪器有限公司
电热套	常州国华电器有限公司
电子天平	北京赛多利斯仪器系统有限公司

2.1.1.2 实验材料

本实验所用的主要材料与试剂见表 2-2。

表2-2 实验材料与试剂

试剂名称	生产厂家
硫酸亚铁（$FeSO_4 \cdot 7H_2O$）	天津市福晨化学试剂厂
硼氢化钠（$NaBH_4$）	天津市福晨化学试剂厂
聚乙二醇（PEG-4000）	上海天莲精细化工有限公司
无水乙醇	天津市化学试剂六厂
硝酸钠	天津市化学试剂三厂
亚硝酸钠	天津市化学试剂三厂
氯化铵	天津市化学试剂三厂
盐酸（优级纯）	天津市化学试剂五厂
氢氧化钠	天津市化学试剂六厂
氨基磺酸	天津市福晨化学试剂厂
对氨基苯磺酰胺	天津市光复精细化工研究所
N-1萘基乙二胺二盐酸盐	天津市福晨化学试剂厂
酒石酸钾钠	天津市化学试剂三厂
碘化汞	天津市化学试剂三厂
碘化钾	天津市化学试剂三厂
氩气（高纯）	天津安兴工业气有限公司
铁屑（经研磨后过20～60目筛）	某钢铁厂废铁屑

注：除特别说明，试剂均为分析纯。

2.1.1.3 铁屑成分

铁屑成分分析见表2-3。

表 2-3 铁屑成分分析结果

元素	含量
S	0.03%
Si	0.4%
C	2.4%
P	0.08%

2.1.2 实验方法及操作步骤

2.1.2.1 铁屑批实验操作方法

取一定体积硝酸盐标准溶液或某地地下水，与一定量铁屑或Fe-C混合物进行恒温振荡反应，调节温度为25℃，间隔一定时间取水样进行分析测定；其中Fe-C混合物均按体积比1∶1进行混合。某地实际地下水水质分析见表2-4。

表 2-4 地浸采铀地下水水质分析结果

检测指标	结果
色度	黄绿色，澄清
pH 值	1.1
NO_3^-	207.2mg-N/L
Ca^{2+}	7.5mg/L
Mg^{2+}	600mg/L
总 Fe	955mg/L
SO_4^{2-}	12000mg/L

续表

检测指标	结果
Cl^-	160mg/L
PO_4^{3-}	300mg/L
NO_2^-	30.43mg-N/L
Br^-	未检出

2.1.2.2 铁屑动态实验操作方法

采用规格为 Φ30mm×250mm 的玻璃柱进行动态实验。在运行过程中由于铁屑被氧化，可能产生粘连结块现象，因此实验中将铁屑分别与相同粒径的活性炭、砂以体积比 1∶1 进行混合填柱，用去离子水冲洗填充柱以除去杂质，调节柱流速，最后通入新疆地浸采铀地下水原样，待通过 2 个柱体积后开始检测出水中 NO_3^--N 浓度。

2.1.2.3 纳米零价铁合成方法及去除硝酸盐的操作步骤

实验中纳米零价铁均采用液相合成法制备。将一定量 $FeSO_4 \cdot 7H_2O$ 溶于醇/水体系中，加入 0.5g PEG-4000 作为分散剂，在氩气保护下以 3000rpm 的速度进行快速搅拌，同时通过恒压滤斗缓慢滴加还原剂 $NaBH_4$溶液，溶液中立刻出现黑色沉淀，其反应为

$$Fe^{2+}+2BH_4^-+6H_2O \rightarrow Fe+2B(OH)_3+7H_2 \uparrow$$

待 $NaBH_4$溶液滴加完毕后继续搅拌 20min，以保证反应完全。将生成的纳米 Fe^0颗粒分离并用脱氧水和无水乙醇洗涤数次，除去颗粒表面残留的无机物和表面活性剂，最后在氩气保护下于 70℃ 烘干待用。

将 125mL 浓度为 80mg-N/L 的 $NaNO_3$溶液脱氧 30min 后，导入 250mL 反应器中与新鲜制备的纳米零价铁颗粒进行振荡反应，控制转

速为 220rpm，间隔一定时间取适量水样进行检测，分析溶液中 NO_3^-、NO_2^- 和 NH_4^+ 含量随时间的变化情况。溶液初始 pH 值分别用 HCl 和 NaOH 溶液进行调节。

2.1.3 实验分析方法

铁屑及纳米零价铁去除硝酸盐过程中的 NO_3^-、NO_2^- 和 NH_4^+ 的分析方法为：

NO_3^--N：紫外分光光度法。

NO_2^--N：N-（1-奈基）-乙二胺光度法。

NH_4^+-N：纳氏试剂光度法。

2.2 结果与讨论

2.2.1 实验条件对铁屑去除硝酸盐效果的影响

实验中采用批实验方法考查了溶液 pH 值、铁屑投加剂量、溶液中共存离子以及活性炭的加入对硝酸盐去除效果的影响。

2.2.1.1 溶液 pH 值的影响

取 NO_3^--N 初始浓度为 50mg/L 的 $NaNO_3$溶液 200mL，调节溶液 pH 值分别为 2、3、4、6，然后投加 4.8g Fe-C 混合物进行振荡反应，考查溶液 pH 值对 NO_3^--N 去除率的影响，实验结果如图 2-1 所示。

由图 2-1 可以看出，随溶液 pH 值的增加，铁屑去除 NO_3^--N 的速率逐渐下降。在强酸性条件下，铁屑还原 NO_3^--N 的速率较高，调节溶液初始 pH 值为 2，振荡反应 10h，其去除率可达 90%；在中性条件下，反应 10h，只有不到 20% 的硝酸盐被去除。这是由于在铁屑颗粒表层有一层氧化膜阻碍了铁与溶液中的硝酸盐进行反应，而在酸性条件下，溶液中的 H^+ 可将氧化层反应掉，并在反应中使铁屑颗粒表层保持新鲜，因而铁可与硝酸盐进行充分的反应，表现为较快的反应速率和较高的去除效果。与之相比，在中性条件或碱性条件下，铁屑颗粒表层的氧化膜不能被去除，铁与硝酸盐的有效接触受到阻碍，而且随着铁的腐蚀，其表面不断有铁氧化物、氢氧化物等沉积于表面，如 Fe_2O_3、Fe_3O_4、$Fe(OH)_2$、$FeCO_3$ 等，表现为反应速率降低，且去除效果差。

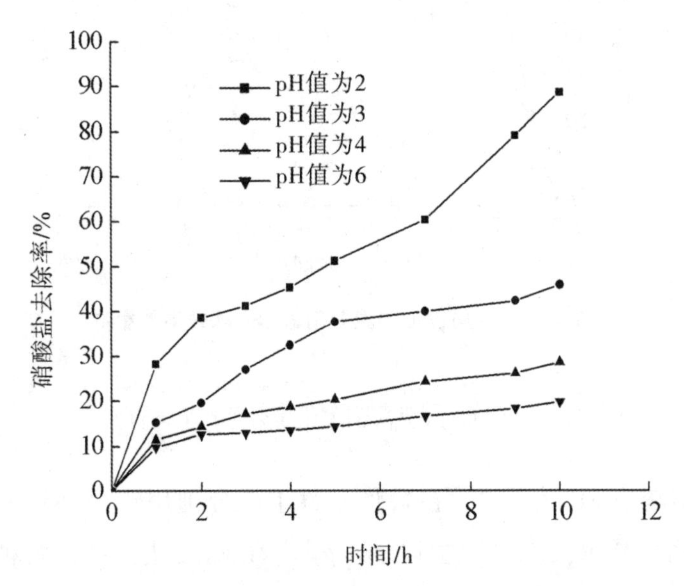

图 2-1　溶液 pH 值对硝酸盐去除率的影响

2.2.1.2 铁屑投加剂量的影响

取浓度为 50mg · N/L 的硝酸盐溶液 200mL，调节溶液初始 pH 值为 2，分别向其中投加 2g、3g、4g、5g、6g 铁屑，考查不同铁屑投加剂量对硝酸盐去除效果的影响，其 Fe/N 质量比分别为 200 : 1、300

：1、400：1、500：1 和 600：1，实验结果如图 2-2 所示。

由图可见，随铁屑投加量的增加，硝酸盐去除率逐渐增大。但是当铁屑投加剂量大于 4g 时，继续增加投加量对硝酸盐去除效果的影响非常小，即在实验条件下，用 4g 铁屑就可获得较高的去除率，反应 14h 其去除率可达 95%。

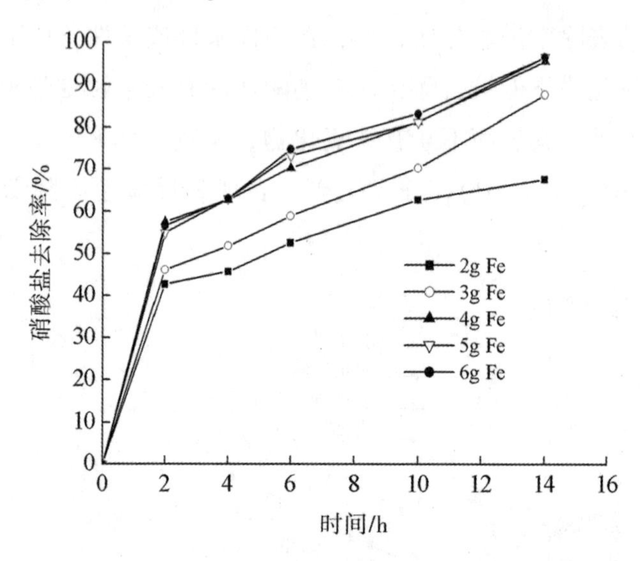

图 2-2　铁屑投加剂量对硝酸盐去除效果的影响

2.2.1.3 活性炭对硝酸盐去除的影响

调节溶液 pH 值为 2，在酸性条件下，分别用铁屑和铁屑与活性炭混合物（V/V，1：1）去除 50mg · N/L 硝酸盐，对比两种体系中 NO_3^--N 的去除效率，实验结果见图 2-3。结果表明，Fe-C 混合物的去除效果明显高于铁屑，主要是由于活性炭对 NO_3^--N 具有一定的吸附作用，且随着反应的进行，Fe-C 发生微电解作用，产生的电场效应可使溶液中的 NO_3^- 离子在电场作用下向铁屑移动，在铁屑附近进行富集并被去除，从而提高了铁屑还原 NO_3^--N 的效率。

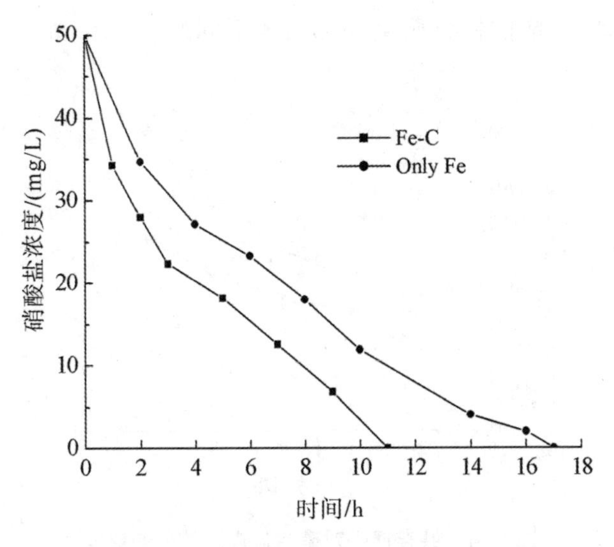

图 2-3　活性炭对硝酸盐去除的影响

2.2.1.4 溶液中共存离子的影响

在实际地下水中往往存在大量的 Ca^{2+}、Mg^{2+}、SO_4^{2-}、HCO_3^-等离子，这些离子对硝酸盐的去除具有不同程度的影响。为此，我们分别在模拟水样中加入这四种主要离子，并与未加干扰离子的水样进行对照实验，结果如图 2-4 所示：阳离子 Ca^{2+}、Mg^{2+}对 NO_3^--N 去除率影响不大；而共存阴离子 SO_4^{2-}、HCO_3^-对 NO_3^--N 去除的影响则比较明显。这可能是因为这两种阴离子参与了铁屑的腐蚀反应，与 NO_3^--N 争夺反应位，在一定程度上抑制了硝酸盐的去除。

在天然地下水中，除了以上四种主要离子以外，还存在其他矿物质、微生物以及氟化物、氯酸盐等多种物质，这些也可能会对硝酸盐的去除反应带来影响。另外，在不同的环境中，铁屑表面形成的钝化膜也存在结构和组成上的区别，而钝化膜的形成是影响硝酸盐还原反应进行的关键因素。因此，Fe-C 法处理实际地下水和模拟水样的区别有可能是水中离子和微生物等的直接影响，也可能是由于铁在两种不同的环境中生成的钝化膜结构和组成不同。

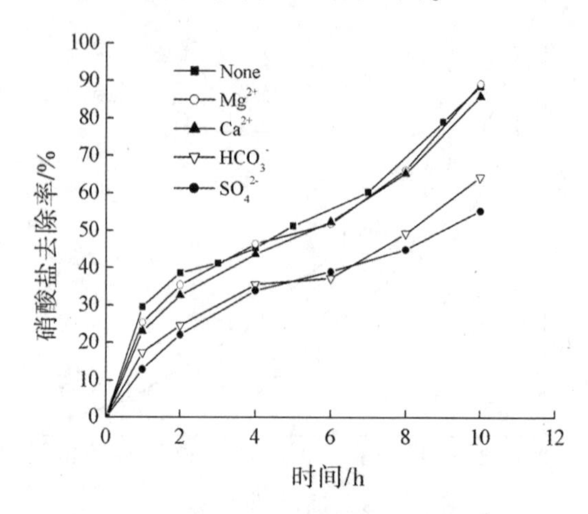

图 2-4　共存离子对硝酸盐去除效果的影响

2.2.2 实验条件对纳米零价铁去除硝酸盐效果的影响

2.2.2.1 溶液初始 pH 值的影响

采用液相合成法制备纳米零价铁，并使其分别与初始 pH 值为 3.13、5.01、6.88 的硝酸盐溶液反应，纳米铁浓度为 1g/L，实验结果如图 2-5 所示。

我们已知，使用普通零价铁还原去除硝酸盐氮的反应在很大程度上受到溶液 pH 值的影响，酸性条件有利于反应进行。Huang 使用 20g 还原铁粉在不同 pH 值下去除浓度为 100mg/L 的硝酸盐的研究表明，当 pH 值被控制在 2.5、3 或 4 时，30min 硝酸盐去除率约为 95%，而在 pH 值为 5 的体系中反应 1h 未见明显去除。Huang 和 Zhang 的研究表明，使用 0.5mm 的铁颗粒去除硝酸盐的反应在 pH 不大于 3 时速度很快，而当 pH 大于 4 时，硝酸盐的去除速率变得很低。Yang 制备了纳米零价铁颗粒，在溶液 pH 值对硝酸盐去除反应影响的实验中，得出了与普通铁粉相同的趋势，即硝酸盐的去除速率与溶液 pH 值呈反比例关系，降低溶液的 pH 值，纳米零价铁去除硝酸盐的反应速率增大。

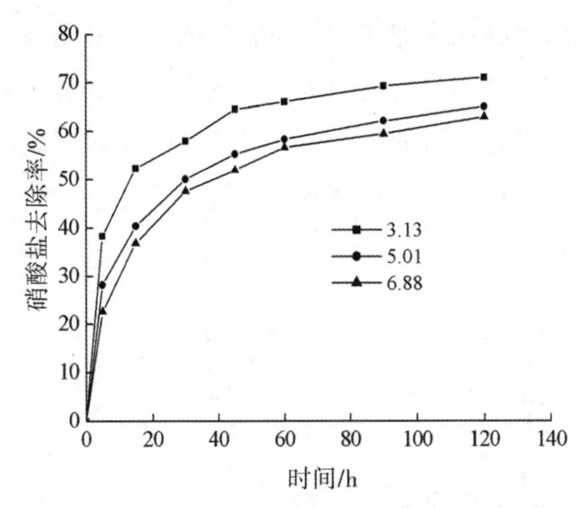

图 2-5　不同溶液初始 pH 值对去除效果的影响

（纳米零价铁剂量：1g/L；硝酸盐浓度：80mg-N/L）

由图 2-5 可以看出，在实验中降低硝酸盐溶液初始 pH 值可加快还原反应的速率，但随着反应的进行，初始 pH 值不同带来的影响要比普通铁屑小得多，增加纳米零价铁剂量时影响程度就更加不明显。由于反应中没有加入缓冲剂，体系 pH 值不断提高至 9 ~ 10。所以，调节溶液初始 pH 值不对反应体系酸度的变化进行控制时，这种作用仅在反应初期有明显效果。初始 pH 值的降低对反应有一定程度的促进作用，但是在未进行 pH 值调控的体系中，应用纳米零价铁去除硝酸盐氮同样可得到比较满意的效果。因此，纳米零价铁还原硝酸盐在实际应用中无需进行 pH 值调节。

2. 2. 2. 2 纳米零价铁投加剂量的影响

实验结果如图 2-6 所示，纳米零价铁的反应活性远远高于普通铁屑，4g/L 的纳米零价铁反应 50min 即可完全去除硝酸盐，即使对于纳米零价铁剂量为 1g/L 的反应体系，振荡反应 10h 后采样分析，也未检出硝酸盐氮。表明实验条件下，只要接触时间足够长，1g/L 的纳米铁也可以完全去除体系中的硝酸盐氮。随着纳米零价铁投加剂量的增加，硝酸盐氮的去除速率加快，相同时间的去除率提高，这主要是由于溶液中纳米零价铁剂量的增加增大了纳米颗粒的总表面积，因而增加了零价铁与污染物接触的机会，促进了硝酸盐还原反应的进行。在实际应用中，可根据需要选择合适的剂量。

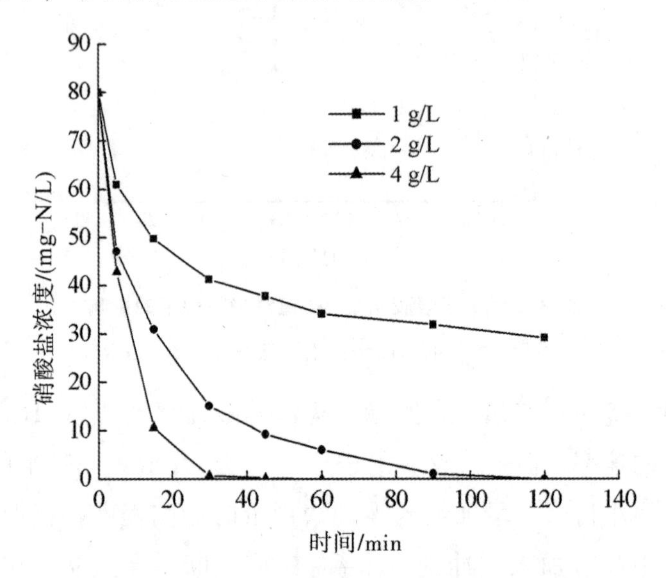

图 2-6 纳米零价铁投加剂量对硝酸盐去除的影响

（硝酸盐浓度：80mg-N/L；pH 值为 6.88）

2.2.2.3 纳米零价铁还原硝酸盐产物分析

与普通铁屑相比，无氧条件下应用纳米零价铁还原去除硝酸盐氮时仍具有较高的反应速率，可见纳米零价铁具有很高的反应活性。应用纳米零价铁还原硝酸盐的产物分析如图 2-7 所示，其中 C/C_0 为溶液中所考查的离子浓度与初始硝酸盐浓度的比值，由图可知，反应中有 96% 以上的 NO_3^- 被纳米铁还原为 NH_4^+-N，反应过程中有少量 NO_2^- 作为中间产物生成，随着反应的进行，NO_2^- 最终被还原为 NH_4^+-N。由

图 2-7 中的总氮（硝态氮、亚硝态氮、氨氮）分析结果可以看出，在此体系中，总氮呈现先降低后升高的趋势。反应进行完以后，溶液 pH 值升高为 9 左右，此时部分 NH_4^+-N 可能转化为了 NH_3，所以 NH_3 的转化可能是造成总氮减少的一个原因。另外，少量氮气的产生也是导致体系中总氮减少的原因之一。

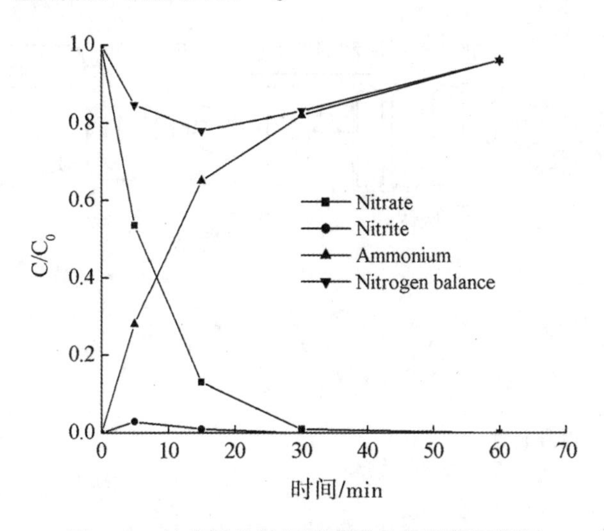

图 2-7　纳米零价铁还原硝酸盐氮质量平衡图

2.3　铁屑及纳米零价铁去除地浸采铀地下水中硝酸盐的实际应用探讨

2.3.1 地浸采铀技术

随着我国核电事业的发展，铀的需求量不断增长。近年来我国铀矿开采强度不断增大，原地浸出采铀作为一种新型经济的铀矿开采方法已得到广泛使用。根据所用的溶浸剂的性质，溶浸工艺可分为酸法和碱法两大类，我国大多采用酸法地浸生产。原地浸出是在天然埋藏条件下，对可地浸砂岩型铀矿按一定网度布置工艺钻孔，通过注液孔注入由酸及氧化剂等溶浸剂按一定配比组成的溶浸液，并人为形成一定水动力条件，使溶浸剂随地下水在含矿含水层中流动，经过岩层渗透，溶浸剂与铀充分反应，铀选择性地由原地转移到溶液中，最后经抽液孔提出地表，在地表工厂对铀进行萃取，其工艺流程如图 2-8 所示。

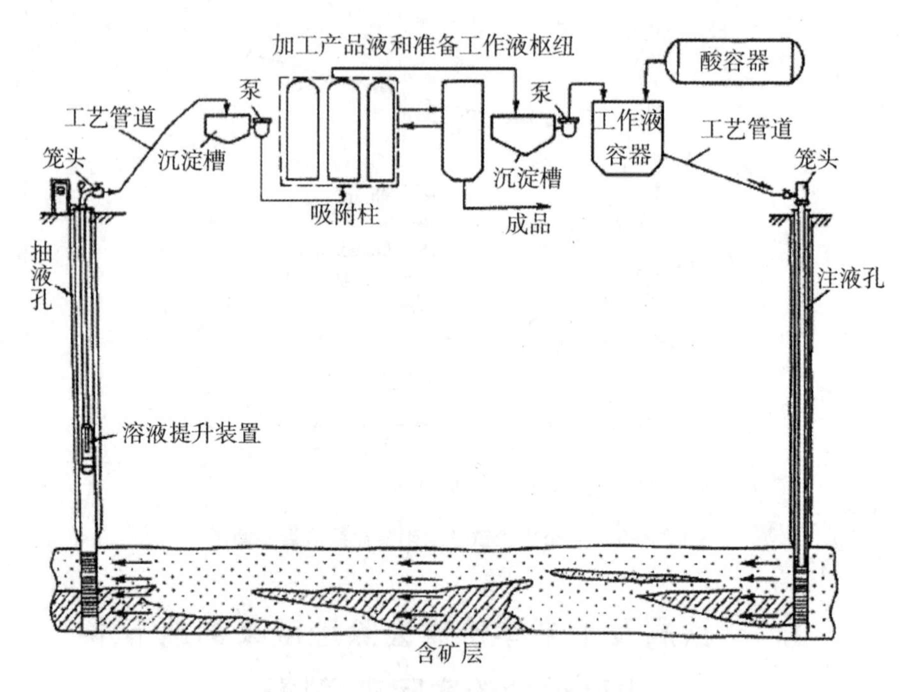

图 2-8　地浸采铀工艺流程示意图

地浸采铀法虽然很少破坏地表环境，但可引起地下水的严重污染，使地下水作为一种良好供水水源的使用价值降低甚至丧失。酸法地浸对地下水生态环境的影响主要表现在两个方面：一是将含矿层中的元素大量溶浸出来并注入含矿层的地下水溶液中，使地下水溶液的总矿化度增加，对人体有害元素的含量也大大超标；二是由于向含矿层中注入了溶浸试剂氧化剂和保护剂等，使含矿层地下水中的试剂组分含量大增和超标。在酸法地浸中，HNO_3作为设备保护剂和 O_2、H_2O_2等氧化剂的替代品被大量注入地下水中，其氧化机理如图 2-9 所示；另外 HNO_3 作为富铀饱和树脂的淋洗剂，在进入吸附尾液后可重新配置成溶浸剂返回地下。生产液的流失、钻孔中溶液抽-注平衡的变化导致地下水中 NO_3^- 不断积累，并可能向开采地段周围流散，扩大污染范围。随着 HNO_3 在地浸采铀技术中的广泛使用，采矿地区地下水中硝酸盐污染日益加剧，给当地居民的正常生产生活带来了严重危害，已引起相关单位的高度重视。

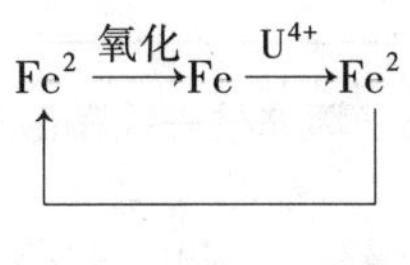

图 2-9　氧化过程示意图

2.3.2 铁屑及纳米零价铁还原地浸采铀地下水中硝酸盐的研究

实验中以某厂地浸采铀地下水为研究对象，利用钢厂的废铁屑及实验室合成的纳米零价铁对其进行还原去除，地浸采铀地下水水质分析结果见表 2-4。

2.3.2.1 铁屑动态实验研究

将地浸采铀地下水样分别连续通过 Fe-C 柱和 Fe-砂柱，操作条件见表 2-5，不同组成填充柱还原去除 NO_3^--N 情况见表 2-6 和图 2-10 所示。

表 2-5　填充柱材料及操作条件

柱规格		Φ30 ×250mm
填料	C	活性炭⟶研磨⟶过筛
	砂	取自建筑工地⟶水洗晾干⟶过筛
Fe、C、砂填料粒径		20～60 目
填充方法		Fe：填料=V：V=1：1

续表

柱规格	Φ30 ×250mm	
流速	2.5mL/min	
柱类型	Fe	115g
	C	26.3g
	Fe	103.6g
	砂	88g

表 2-6　填充柱去除硝酸盐情况

时间/h	8	16	32	49	63	82	100	116	136
Fe-C 去除率	93.4%	90.0%	56.7%	48.8%	41.8%	40.4%	41.2%	41.5%	33.9%
Fe-砂去除率	93.5%	87.4%	51.4%	46.8%	38.9%	37.7%	37.8%	36.9%	33.2%

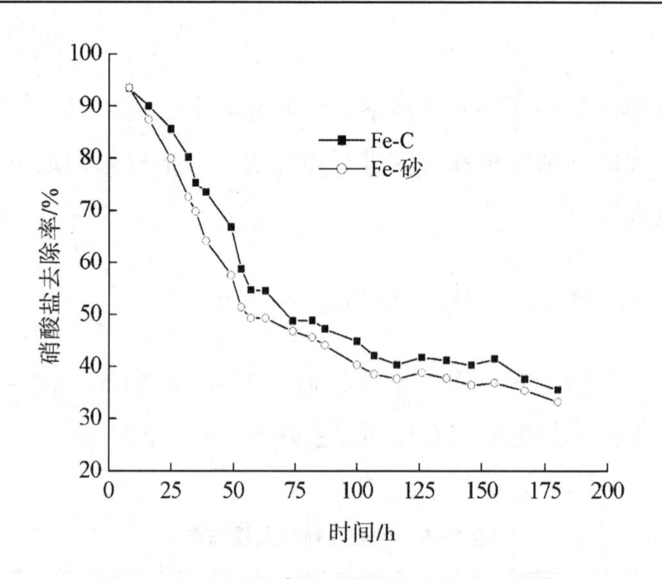

图 2-10　不同柱填料对硝酸盐去除率的影响

由图 2-10 可以看出，Fe-C 柱和 Fe-砂柱对新疆地下水中 NO_3^--N 的去除能力相近，在前期运行中，Fe-砂柱去除效果降低较快，但运行 50h 后，去除率均呈平缓下降趋势，出水 pH 值为 4 ~ 6。在运行过程中，由于 Fe-砂柱粘联结块情况比较严重，运行 140h 后停止使用，

Fe-C 柱继续运行至180h，去除率稳定于30%左右，产物主要为氨氮。

2.3.2.2 铁屑与纳米零价铁对比实验研究

实验采取静态操作法，分别利用铁屑和新鲜制备的纳米零价铁与100mL地浸采铀地下水进行反应，其中铁屑投加剂量为16g/L，纳米零价铁投加剂量为4g/L，在实验条件下对这两种不同形式铁的反应活性进行了考查。在纳米零价铁反应前，对地下水进行吹脱除氧，还原反应在氩气保护下进行。实验结果如图2-11所示。

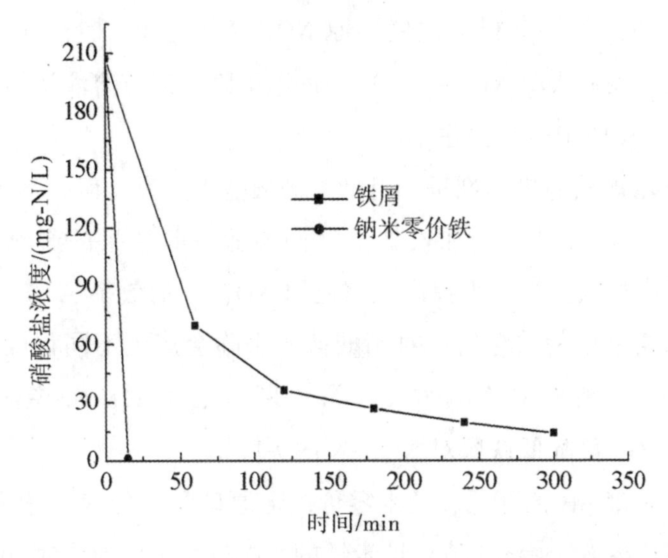

图2-11 铁屑及纳米零价铁去除地浸采铀地下水中硝酸盐的对比结果

实验结果表明，与普通铁屑相比，纳米零价铁与地浸采铀地下水反应速度非常快，15min就将硝酸盐几乎全部去除，反应后pH值由反应前的1.1上升到4.0，而普通铁屑与地浸采铀地下水反应5h时，其去除率为93.1%。纳米零价铁反应快速的原因是体系中酸度较强，加快了纳米零价铁给电子的速率，从而加快了反应的进行。

2.4 本章小结

应用某钢厂废铁屑和实验室自制的纳米级零价铁去除硝酸盐，分别考查了溶液 pH 值、投加剂量、活性炭以及共存离子等因素对硝酸盐去除率的影响，并对纳米铁还原硝酸盐的产物进行了分析，对比了两种不同形式的铁去除新疆某厂地浸采铀地下水中硝酸盐的效果，由实验结果可以得出以下结论：

（1）酸性条件有利于铁屑还原 NO_3^--N 反应的进行，随溶液 pH 值的增加，铁屑去除 NO_3^--N 的速率逐渐下降。调节溶液初始 pH 值为 2 时，振荡反应 10h 其去除率可达 90%。

（2）增加铁屑投加剂量，可增大硝酸盐去除率，但是当铁屑投加剂量大于 4g 时，继续增加投加量对硝酸盐去除效果的影响非常小。反应体系中加入活性炭可提高铁屑还原 NO_3^--N 的效率。

（3）溶液中的共存离子对硝酸盐的去除会产生不同程度的影响：Ca^{2+}、Mg^{2+} 阳离子对 NO_3^--N 去除效果影响不大；而共存阴离子 SO_4^{2-}、HCO_3^- 可降低铁屑对 NO_3^--N 的去除率。

（4）溶液 pH 值降低，纳米零价铁还原硝酸盐的速率增大，但与铁屑相比，溶液初始 pH 值对纳米铁的影响较小，因此在实际应用中，纳米铁还原硝酸盐体系无需进行 pH 值调节。

（5）由于纳米级零价铁比表面积大，因而纳米铁去除硝酸盐的反应活性远远高于普通铁屑，但其对氮气的选择性并没有得到提高，反应中有少量亚硝酸盐作为中间产物被检出，最后有 96% 以上的硝酸盐被还原为氨氮，只有很小部分可能被转化为了氮气。

（6）以 Fe-C、Fe-砂混合物为柱填料，在动态操作条件下连续去除新建某厂地浸采铀地下水中的硝酸盐。在前期运行中，Fe-砂柱去除效果降低较快，但运行 50h 后，去除率均呈平缓趋势下降，Fe-砂柱粘联结块情况比较严重，Fe-C 柱继续运行至 180h，去除率稳定于 30% 左右。静态反应条件下与地浸采铀地下水反应，纳米零价铁去除硝酸盐的速率远远高于普通铁屑，15min 就可将硝酸盐全部去除。

第3章

纳米 Fe/Ni 复合材料去除硝酸盐的研究

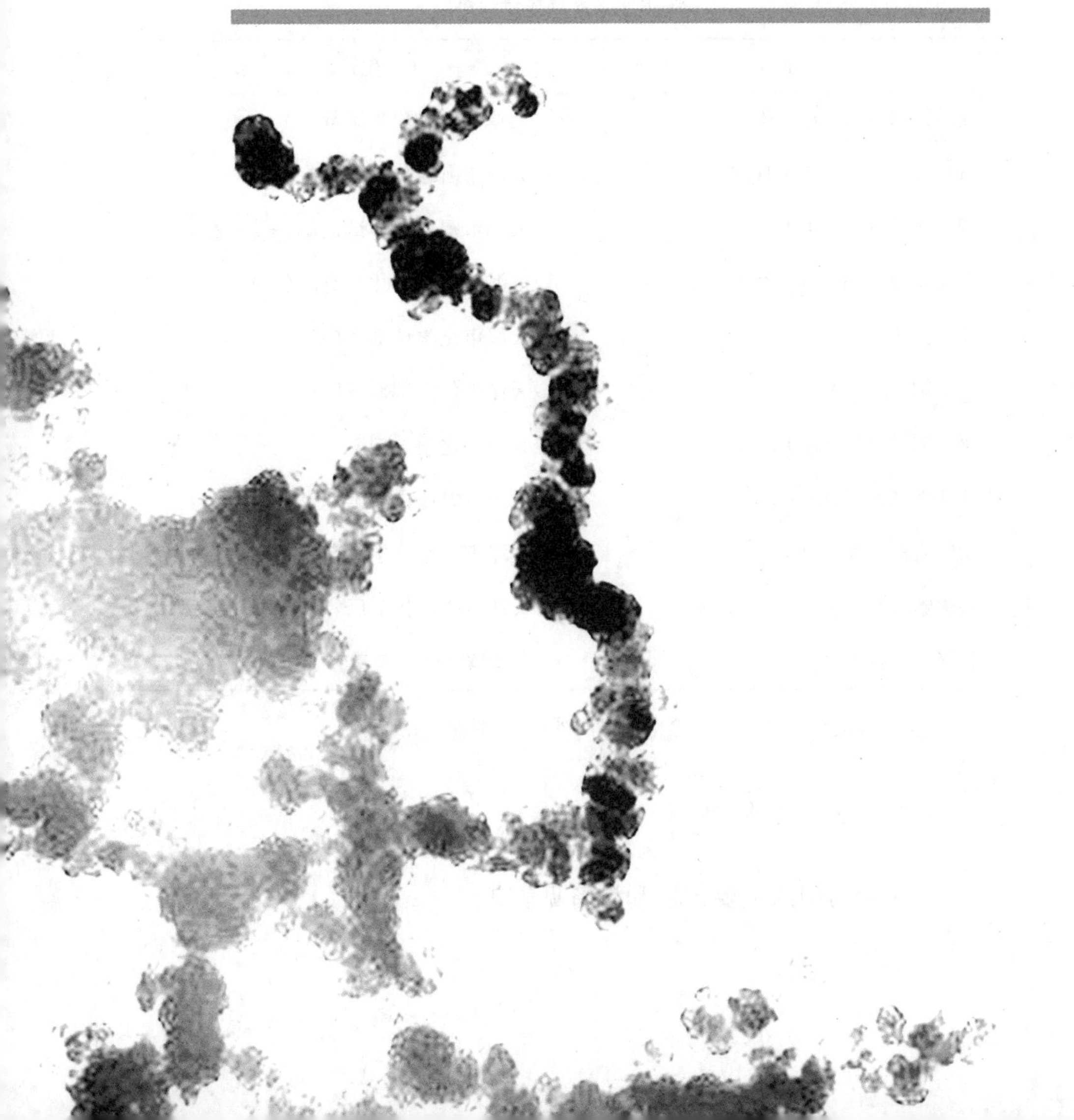

3.1 实验材料与方法

3.1.1 试剂和仪器

3.1.1.1 实验试剂

本实验用到的主要试剂见表3-1。

表3-1 实验材料与试剂

试剂名称	生产厂家
硫酸亚铁（$FeSO_4 \cdot 7H_2O$）	天津市福晨化学试剂厂
氯化镍（$NiCl_2 \cdot 6H_2O$）	天津市凯通化学试剂有限公司
硼氢化钠（$NaBH_4$）	天津市福晨化学试剂厂
聚乙二醇（PEG-4000）	上海天莲精细化工有限公司
无水乙醇	天津市化学试剂六厂
硝酸钠（$NaNO_3$）	天津市化学试剂三厂
亚硝酸钠（$NaNO_2$）	天津市化学试剂三厂
硫酸钠（Na_2SO_4）	天津市凯通化学试剂有限公司
碳酸氢钠（$NaHCO_3$）	天津市凯通化学试剂有限公司
氯化钠（NaCl）	天津市鹏达化工厂
氩气（高纯）	天津安兴工业气有限公司

注：其他试剂见第1章；除特别说明外，试剂均为分析纯。

3.1.1.2 实验仪器

本实验用到的主要仪器和设备见表3-2。

表3-2 实验仪器和设备

仪器名称	型号	生产厂家
气浴恒温振荡器	THZ-82B	江苏金坛医疗仪器厂
紫外可见分光光度计	752N	上海精密科学仪器有限公司
真空气体分配器		北京欣维尔有限公司
数显电动搅拌器	JJ-1	山东鄄城华鲁电热仪器有限公司
透射电镜（TEM-EDS）	EM400ST	荷兰飞利浦公司
X射线衍射仪	D/MAX-2500	日本理学公司
BET比表面积测定仪	NOVA2000	美国QUANTACHROME仪器公司
ICP-AES	IRIS Intrepid Ⅱ XSP	美国热电公司
电子天平	AL204	北京赛多利斯仪器系统有限公司

3.1.2 纳米Fe/Ni双金属材料的制备方法

实验中除特别说明外，所用纳米Fe/Ni双金属材料均采用同步液相还原法制备。取一定质量比的$FeSO_4 \cdot 7H_2O$和$NiCl_2 \cdot 6H_2O$同时溶于醇/水体系中，醇：水体积比为2：5，加入PEG-4000作为分散剂；按$NaBH_4/(Fe+Ni)$摩尔比为3：1取适量$NaBH_4$配成碱性溶液，在以3000rpm的速度进行快速搅拌的同时，通过恒压滤斗缓慢滴加还原剂$NaBH_4$溶液，发生下列反应：

$$Fe^{2+}+2BH_4^-+6H_2O \rightarrow Fe^0+2B(OH)_3+7H_2\uparrow$$

$$Ni^{2+}+2BH_4^-+6H_2O \rightarrow Ni^0+2B(OH)_3+7H_2\uparrow$$

反应器中迅速出现黑色沉淀物，待$NaBH_4$溶液滴加完毕后继续搅拌20min，以保证反应完全。将生成的Fe/Ni纳米级双金属颗粒分离并用脱氧水和无水乙醇洗涤数次，除去颗粒表面残留的无机物和表面活性剂，最后于70℃烘干待用。整个纳米颗粒制备及干燥过程均在氩气保护下进行无氧操作。

3.1.3 纳米 Fe/Ni 去除硝酸盐的操作步骤及分析方法

在250mL反应器中，取新鲜制备的纳米 Fe/Ni 双金属颗粒与125mL浓度为80mg-N/L的 $NaNO_3$溶液进行振荡反应，控制转速为220rpm，间隔一定时间取适量水样进行测定，分析溶液中反应物 NO_3^- 及产物 NO_2^- 和 NH_4^+ 含量随时间的变化。其中反应器和反应溶液在反应进行前均经过脱氧处理，整个还原过程均在氩气保护下进行。如无特别说明，实验中所用纳米双金属颗粒 Ni 负载量为5.0%，纳米 Fe/Ni 颗粒的投加剂量均以 Fe 计算，Fe 投加浓度为1.5g/L。

纳米 Fe/Ni 双金属材料去除硝酸盐过程中反应物 NO_3^- 和产物 NO_2^-、NH_4^+ 的方法分别为：

NO_3^--N：紫外分光光度法。

NO_2^--N：N-（1-奈基）-乙二胺光度法。

NH_4^+-N：纳氏试剂光度法。

3.2 结果与讨论

3.2.1 纳米 Fe/Ni 双金属复合材料的制备及表征

本部分实验利用 TEM-EDS、XRD、SEM、BET 等分析手段对纳米颗粒的形貌及结构组成进行了分析，考查了反应体系及醇水比例、表面活性剂投加量对纳米 Fe/Ni 双金属复合材料制备的影响。

3.2.1.1 纳米 Fe/Ni 双金属材料的表征

1. 透射电镜及能谱分析（TEM-EDS）

将新鲜制备的纳米双金属颗粒保存于脱氧无水乙醇中，并封在具塞小瓶中，用超声波分散 10～15min，然后用滴管取少量金属的醇溶液并均匀分布在镀有膜的铜网上，室温晾干制样，利用 PHILIPS EM400ST 型透射电镜（TEM-EDS）对样品形貌及组成进行分析。制备过程中醇/水比例为 2∶5（V/V）时，纳米颗粒的电镜图片如图 3-1所示。

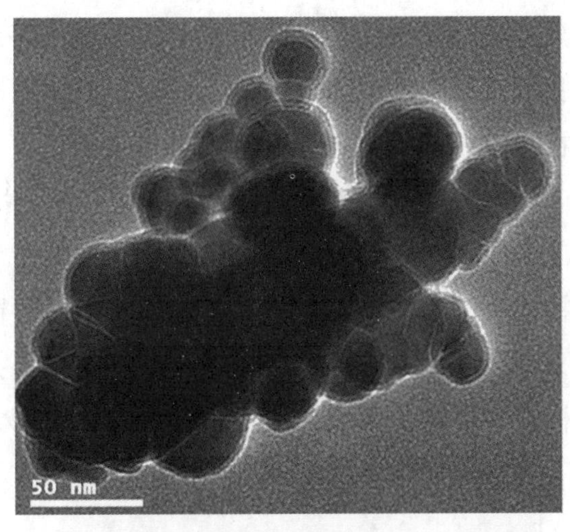

（a）纳米 Fe/Ni 颗粒 50nm 尺度的 TEM 图

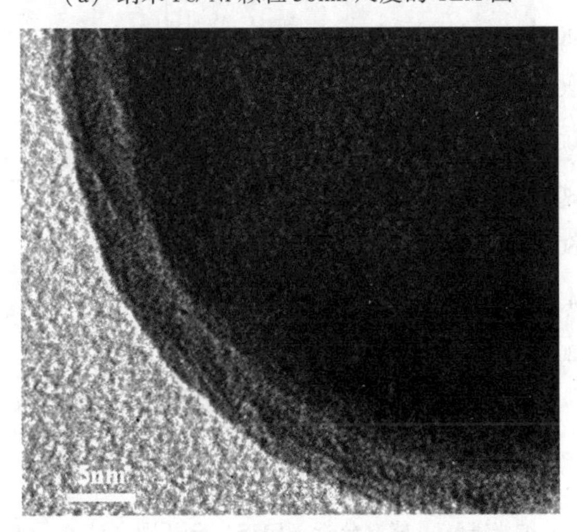

（b）纳米 Fe/Ni 颗粒 5nm 尺度的 TEM 图

图 3-1　纳米 Fe/Ni 颗粒的 TEM 分析图

（醇∶水=2∶5；PEG-4000：0. 5g；Ni 负载量为 5. 0%）

由图 3-1(a)可见，在这个体系中合成的纳米 Fe/Ni 颗粒大小在 20～80nm 之间，制备的纳米颗粒存在很明显的团聚现象；由图 3-1(b)可以清楚地看到在颗粒表层有一个约 5nm 厚的有机膜层，这层有机膜是由分散剂聚乙二醇覆盖包裹于颗粒表面所产生的，由于 PEG 是一种非离子型分散剂，它的水溶性、稳定性好，易与颗粒表面产生亲和作用，使聚乙二醇较容易地吸附于粒子表面，从而形成了这个有机膜层；这个膜层可产生空间位阻效应，抑制颗粒的团聚，同时对于增强纳米颗粒在空气中的稳定性具有一定的作用。据报道，当这个膜层厚度达到 10nm 时，可使纳米颗粒稳定地存在于空气中。

纳米 Fe/Ni 颗粒的能谱（EDS）分析图如图 3-2 所示，在图中检测出三种元素特征峰，其中元素 Cu 信号来自制样时的铜网，其他两种特征峰分别为金属 Fe 和金属 Ni，进一步验证了实验室合成纳米材料的双金属结构，在所测定区域 Ni 的含量为 4.3%（w%）。

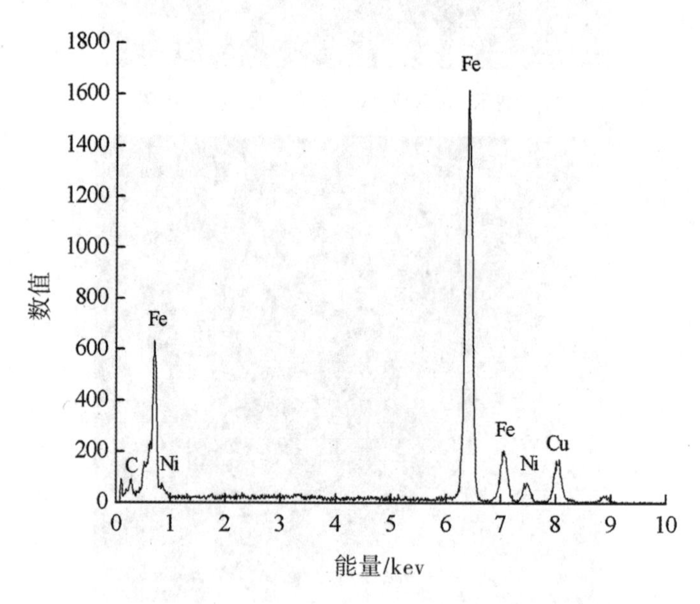

图 3-2　纳米 Fe/Ni 能谱分析（EDS）分析图（Ni 含量 5.0%）

2. X射线衍射分析（XRD）

实验制备的纳米Fe/Ni双金属材料经无水乙醇洗涤后，于70℃在氩气保护下烘干，应用CuK_{α}辐射源的日本理学D/MAX-2500型X射线衍射仪测定样品的物相；测定条件为：Cu靶的工作管电压为40kV，管电流为100mA。在测定结果中，谱图中并没有特征峰出现，表明原子为长程无序排列状态，实验体系合成的双金属材料呈非晶态。

3. 扫描透射电镜（SEM）分析

新制备的纳米Fe/Ni颗粒与反应完干燥后的纳米颗粒分别用PHILIPS XL-30扫描电镜对其表面形貌进行表征，结果如图3-3所示。由于纳米Fe/Ni在空气中不能稳定存在，容易被空气氧化，所以测定时新鲜制备的纳米颗粒表面可能被氧气部分氧化，但是与还原硝酸盐后的纳米颗粒相比，其表面颗粒粒径仍然很小，分散比较均匀。与硝酸盐反应后的纳米粒子由颗粒状变为了片状，表面发生了严重氧化。

3.2.1.2 醇水比例对纳米颗粒合成的影响

传统液相法制备纳米颗粒存在粒径尺寸难控制，颗粒易团聚的问题，应用醇水法合成纳米材料不仅可以降低粒径，而且能大大改善其分散性。在醇水体系中，醇含量越多，溶液电离程度越小，体系中物质传输过程越难，因此得到的颗粒尺寸变小。另外，醇可以通过在颗粒表面的吸附，从而阻碍颗粒的生长，醇含量越多，相应纳米颗粒越小。为考查聚乙二醇与水的比例对合成纳米Fe/Ni颗粒的影响，实验中按醇/水比例为1∶1，制备了纳米Fe/Ni材料，其透射电镜分析结果如图3-4所示。在醇/水比例为1∶1的体系中制备的纳米Fe/Ni颗粒粒径均小于醇/水比例2∶5体系中制备的颗粒，多数纳米粒子处于

10～50nm之间，说明醇的含量增大时，乙醇在混合溶液中还起到一定的空间位阻作用，降低了颗粒间的碰撞的几率，减小了粒子间的团聚，有利于生成尺寸小、分散性好的纳米颗粒。

（a）新鲜合成的纳米颗粒

（b）与硝酸盐反应后的纳米颗粒

图3-3 纳米Fe/Ni双金属颗粒的SEM照片

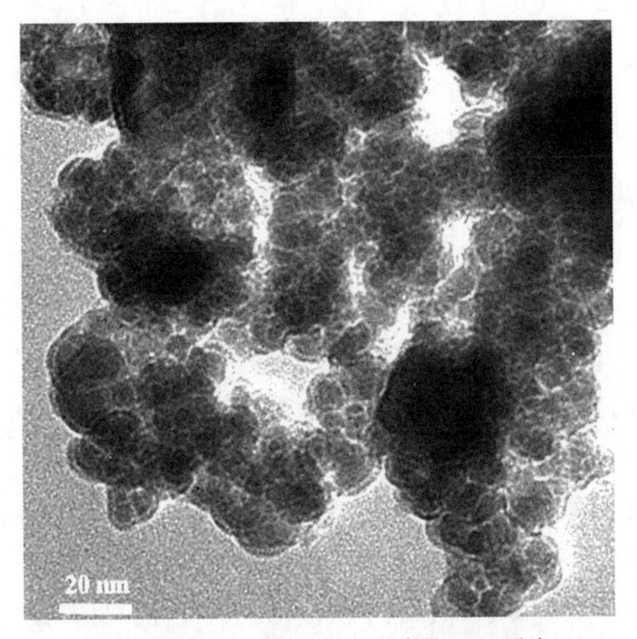

（a）纳米 Fe/Ni 颗粒 20nm 尺度的 TEM 照片

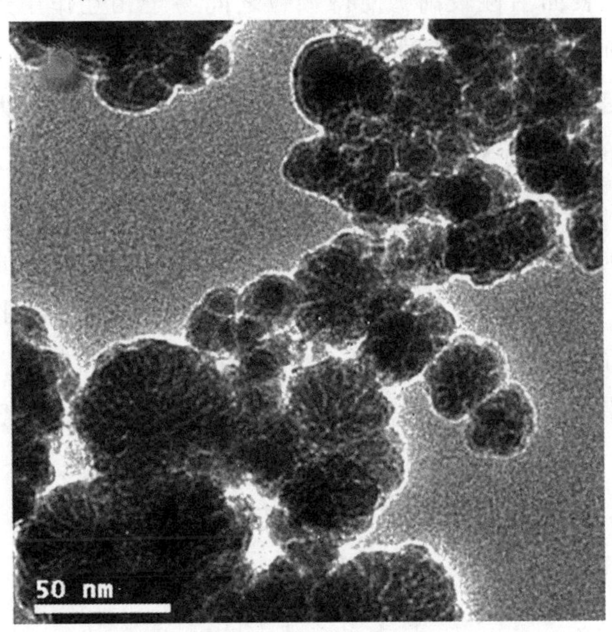

（b）纳米 Fe/Ni 颗粒 50nm 尺度的 TEM 照片

图 3-4　纳米 Fe/Ni 颗粒的 TEM 照片

（醇：水=1：1；PEG-4000：0.5g；Ni 负载量为 5.0%）

3.2.1.3 表面活性剂投加量的影响

表面活性剂是一种具有亲水基和亲油基结构并具有降低表面张力、减小表面能、乳化、分散、增溶等一系列优异性能的化学物质。表面活性剂在纳米技术中的应用主要是利用表面活性剂分子在溶液中由于亲水、亲油基团间的相互作用而形成的胶团，构成纳米反应器，或在界面（或表面）的两亲分子由其一端官能团的吸附或反应，与纳米微粒之间、纳米微粒表面、纳米微粒与其他材料之间形成一个“桥”，起到偶联和相容的作用。

在液相还原法制备纳米粒子过程中，表面活性剂的作用是包覆在新生成的沉淀颗粒表面。一方面这种包覆作用抑制了离子在已生成的颗粒表面的生长速率，即控制了沉淀颗粒的尺寸；另一方面，由于新生成颗粒的表面活性较高，使得颗粒之间易于相互作用进而发生团聚，而表面活性剂包覆膜的存在使已生成的颗粒相互隔离，抑制了团聚现象的发生。所以表面活性剂的浓度对颗粒的尺寸有很大影响。

在 Ni 负载量为 5.0%，醇水比例为 2：5 的反应条件下，改变表面活性剂 PEG-4000 投加剂量为 0.8g，考查表面活性剂浓度对纳米粒子合成过程的影响，其合成 Fe/Ni 纳米颗粒透射电镜分析如图 3-5 所示，a、b、c、d 分别为不同标尺下纳米颗粒的形态。由图可以看出，与 0.5g 表面活性剂投加量相比，增加表面活性剂的用量，进一步减小了纳米粒子的粒径，且分散较均匀，多呈链式排列。

3.2.2 不同实验条件对硝酸盐去除效果的影响

3.2.2.1 Ni 负载量对硝酸盐去除的影响

在纳米 Fe/Ni 双金属材料中，不同 Ni 负载量可影响硝酸盐的去除

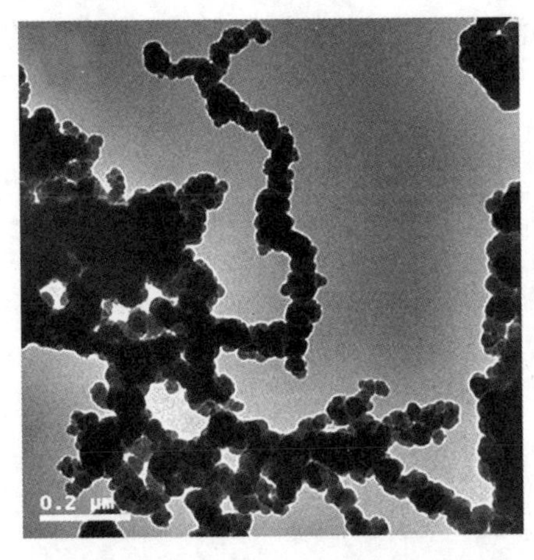

(a)纳米Fe/Ni颗粒0.2μm尺度的TEM照片

(b)纳米Fe/Ni颗粒50nm尺度的TEM照片

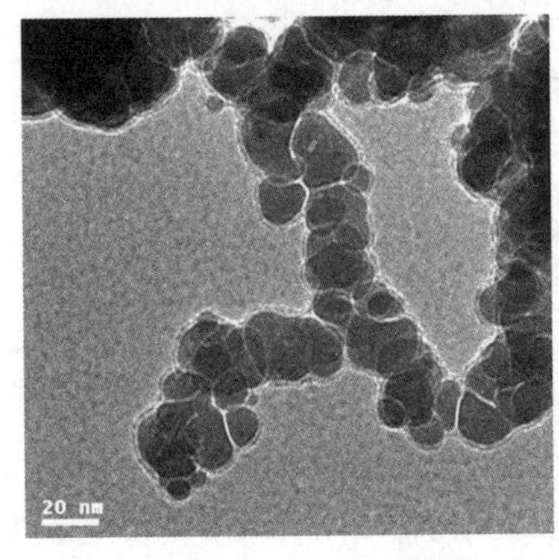

(c)纳米Fe/Ni颗粒20nm尺度的TEM照片

(d)纳米Fe/Ni颗粒20nm尺度的TEM照片

图3-5　纳米Fe/Ni双金属颗粒的TEM照片

(醇：水=2：5；PEG-4000：0.8g；Ni负载量为5.0%)

速率和对理想产物N_2的选择性，所以实验中分别制备了不同Ni含量(1.0%、5.0%、10%和20%、w%）的双金属纳米材料，并用于硝酸盐的脱硝反应，考查Ni含量对纳米双金属材料的反应活性和选择性的影响，同时与纳米Fe^0单金属材料进行了对比，实验中Fe投加剂量均为1.5g/L，且硝酸盐溶液初始pH值为中性，反应中未对溶液pH值进行调节和控制。不同Ni含量纳米双金属材料脱硝反应的实验结果如图3-6

所示，其中 C/C_0 为不同反应时间溶液中 NO_3^- 浓度与初始 NO_3^- 浓度的比值。

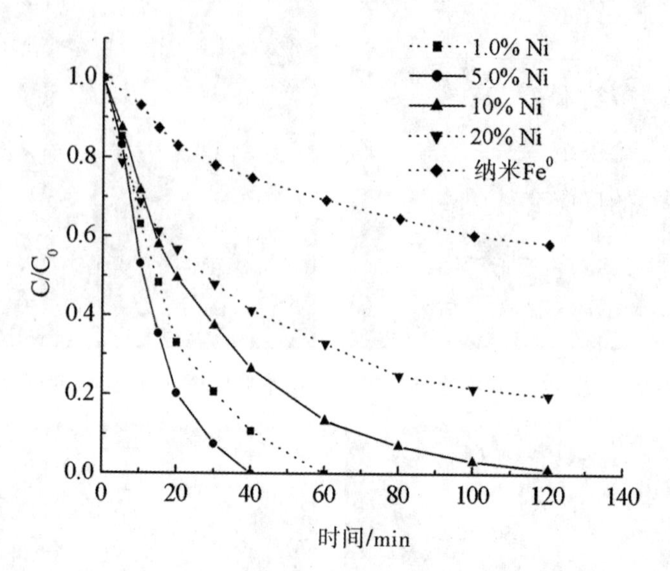

图 3-6　不同 Ni 负载量纳米 Fe/Ni 双金属材料还原硝酸盐的效果

（NO_3^- 浓度 80mg-N/L；pH 值为 6.5）

由图 3-6 可看出，Fe/Ni 双金属纳米颗粒的反应活性大大高于纳米 Fe^0，单金属纳米 Fe^0 中 Ni 元素的引入可明显提高纳米粒子的反应活性。在 0%～5.0% 范围内，随着 Ni 负载量的增加，纳米 Fe/Ni 的反应活性也逐渐增大，当 Ni 含量为 5.0% 时，其反应活性达到最大，反应 40min 便可将硝酸盐还原完全，而只有 25% 的硝酸盐被纳米 Fe^0 去除。但是随着 Ni 负载量的继续增加，纳米 Fe/Ni 颗粒的反应活性却逐渐降低，这是由于在 Fe^0 纳米颗粒表面负载 Ni，可增加颗粒表面的活性反应位，促进 Fe 的腐蚀反应，但是过多的 Ni 原子覆盖于双金属颗粒表面，则减少了表面 Fe 原子数，从而降低了 Fe^0 与水和污染物接触的几率，表现为反应活性的降低。所以，在反应体系中，纳米 Fe/Ni 的最佳 Ni 负载量为 5.0%。

纳米铁双金属去除有机氯污染物的研究表明，在双金属还原体系中，Fe^0作为还原剂提供电子并与水反应产生 H_2，而 Pd、Ni、Pt 和 Cu 等金属作为催化剂促进氯代有机物的加氢反应，第二种金属的引入不仅提高了零价铁的反应活性，而且改变了其反应路径，减少了有毒副产物的产生。应用纳米 Fe/Ni 双金属材料还原硝酸盐，在实验条件下，有约 90% 的硝酸盐被纳米 Fe/Ni 转化为 NH_4^+，Ni 负载量的变化明显地改变了纳米颗粒的反应活性，但是在提高对 N_2的选择性方面并没有太大的贡献。

纳米 Fe/Ni 双金属材料的制备有两种合成路径，即同步合成法和分步合成法，可用图 3-7 来表示。纳米 Fe/Ni 颗粒主要采用图 3-7（a）所示的方法制备，为了对比不同合成路径对硝酸盐去除的影响，实验同时采用分步合成法制备了纳米双金属材料，如图 3-7（b）所示，并在相同反应条件下还原去除硝酸盐，与纳米 Fe^0和同步合成的纳米 Fe/Ni 进行了对比实验，实验如果图 3-8 所示。

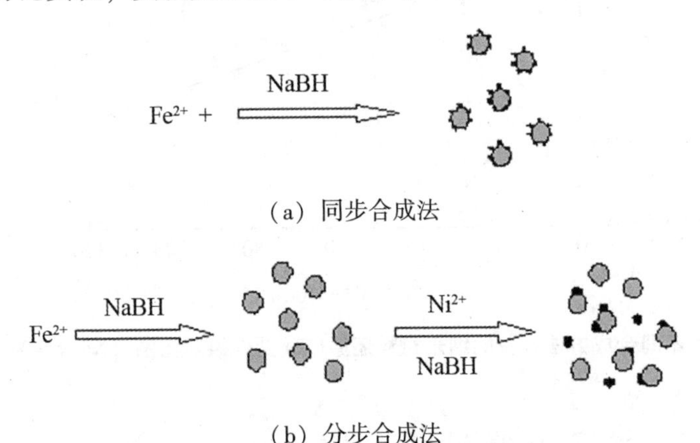

图 3-7　纳米 Fe/Ni 双金属颗粒合成方法示意图

由图 3-8 可以看出，不同合成方法制备的纳米材料表现出的不同反应活性顺序为：同步合成法制备的纳米 Fe/Ni>分步合成法制备的纳米 Fe/Ni>纳米 Fe^0。这种结果是由于不同的合成途径赋予双金属颗粒不同的组成结构，同步合成法中还原剂同时还原溶液中的 Fe^{2+}和 Ni^{2+}，使 Ni 原子在 Fe^0颗粒表面能够与 Fe 原子紧密结合，因而可产生较多的催化活性反应位，如图 3-7（a）所示；相比来说，先合成纳米 Fe^0颗粒，然后再还原 Ni^{2+}的方法使部分 Ni 未与 Fe 原子结合，而是与 Fe^0呈物理混合状态，如图 3-7（b）所示，因此产生的催化活性反应位较少，表现出的反应活性也较低；但是与纳米 Fe^0相比较，由于分步合成法制备的双金属粒子有一部分 Ni 与 Fe 表面结合，所以其反应活性高于单独的纳米 Fe^0颗粒。

：nano-Fe^0 particle;：Ni particle;

：nano-Fe/Ni bimetallic particle

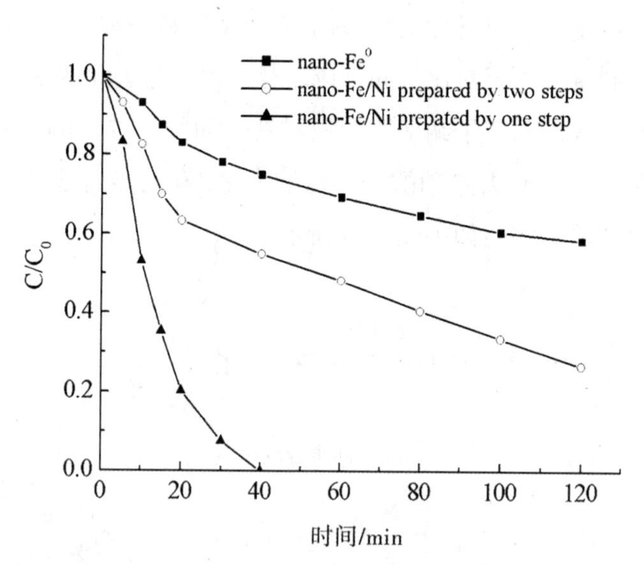

图 3-8　不同合成方法制备的纳米材料还原硝酸盐效果对比图（Ni 含量为 5.0%）

3.2.2.2 溶液 pH 值的影响

溶液的 pH 值是影响零价铁还原去除硝酸盐污染物的重要影响因素，对普通铁粉和纳米 Fe^0来说，酸性条件有利于硝酸盐的去除，而 pH 值大于 6.5 时，在没有缓冲剂的条件下，铁粉几乎与硝酸盐不发生反应。实验中用 HCl 或 NaOH 溶液分别调节硝酸盐溶液初始 pH 值为 2.0、4.0、6.5、9.0，应用新鲜制备的 5.0% 纳米 Fe/Ni 颗粒还原浓度为 80mg-

N/L 的硝酸盐溶液，双金属颗粒中 Fe 的投加浓度为 1.5g/L，在没有缓冲溶剂的条件下，考查不同溶液初始 pH 值对纳米 Fe/Ni 双金属颗粒去除硝酸盐效果的影响，实验结果如图 3-9 所示。

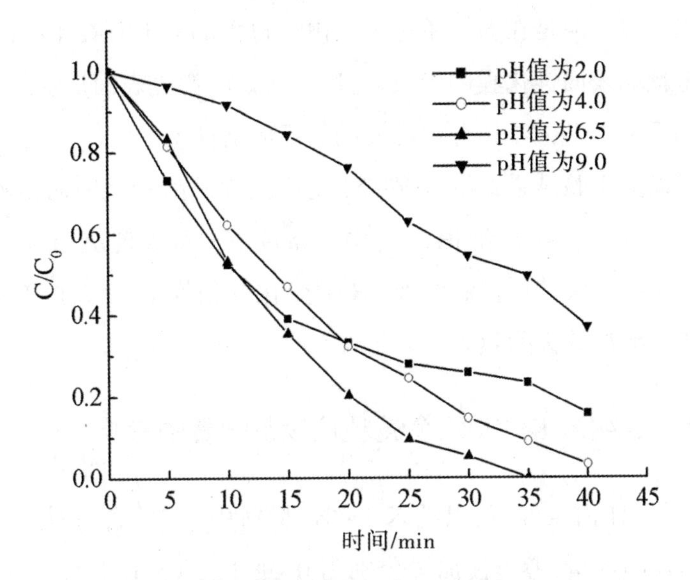

图 3-9　溶液 pH 值对硝酸盐去除效果的影响

在反应的最初阶段，硝酸盐去除率随溶液初始 pH 值的增加而降低，但这个趋势很快就发生了变化，在初始 pH 值为 2 的溶液中，随着反应的进行，其还原硝酸盐的速率降低最快，而在初始 pH 值为中性的溶液中，纳米 Fe/Ni 最终表现出了最高的反应活性。

本实验条件下，不同初始酸度溶液中纳米 Fe/Ni 颗粒表现出的反应活性由高到低顺序依次为：pH 值为 6.5>pH 值为 4.0>pH 值为 2.0>pH 值为 9.0。在所有反应中，溶液 pH 值均很快升到 9～10，在酸性初始条件下，反应 5min，溶液变为绿色，且溶液中出现了大量絮状物，过滤后絮状物很快变为红褐色，可见絮状物可能是铁的氢氧化物，这是由于溶液中大量的 H^+ 加速了 Fe^0 的腐蚀速度和 H_2 的生成速率，因此在反应初期 pH 值越低，硝酸盐去除速率也越大，同时也产生了大量的 Fe^{2+}、Fe^{3+} 作为副产物进入溶液中，由于反应过程中没有对 pH 值进行控制，使纳米颗粒表面很快被 Fe 的氧化物、氢氧化物等沉淀所覆盖，阻碍了反应的继续进行；在中性初始条件下，虽然反应初期还原速率比较低，但是由于其腐蚀速度慢，生成 Fe 副产物的速率较低，所以其颗粒钝化速率也比较慢；但是在碱性条件下，由于过多的 OH^-存在于溶液中，非常有利于颗粒表面钝化膜的生成，且与 NO_3^- 可竞争表面活性位，因此，在此条件下纳米 Fe/Ni 具有相对较低的反应活性。

根据以上实验结果，纳米 Fe/Ni 还原去除硝酸盐无需对溶液 pH 值进行调节，且在溶液初始 pH 值为中性条件下，可表现出相对较大的反应速率；在没有缓冲剂控制溶液 pH 值变化的条件下，酸性初始条件反而会降低硝酸盐的去除效果。

3.2.2.3 纳米 Fe/Ni 双金属颗粒投加剂量的影响

在中性 pH 值条件下，以纳米 Fe/Ni 材料中 Fe^0的含量计算，改变纳米双金属投加剂量，考查投加量分别为 0.5g/L、1.0g/L、1.5g/L 时，5.0%纳米 Fe/Ni 双金属颗粒去除硝酸盐的效率，实验结果如图 3-10 所示。

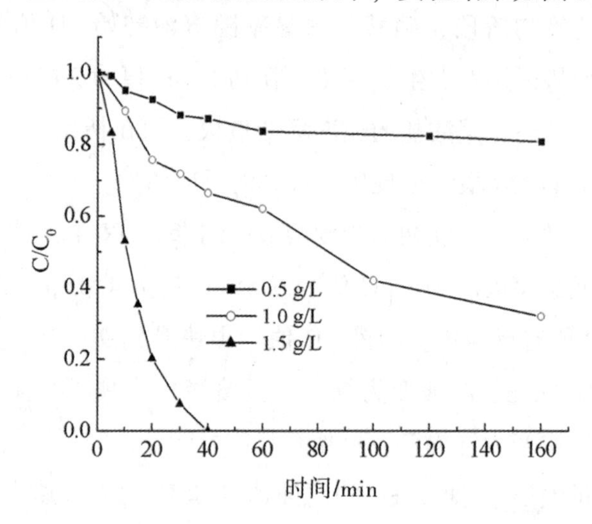

图 3-10　纳米 Fe/Ni 颗粒投加剂量对 5.0% 纳米 Fe/Ni 去除硝酸盐的影响

Ni 负载量为 10% 的纳米 Fe/Ni 双金属颗粒，不同投加剂量对硝酸盐的去除情况如图 3-11 所示，由图可知，相同 Ni 负载量的纳米双金属颗粒，随投加剂量的增加，硝酸盐还原速率增大。本实验操作条件下，5. 0% 纳米 Fe/Ni 投加剂量为 1. 5g/L 时具有的反应活性与浓度为2. 0g/L 的 10% 纳米 Fe/Ni 相当，可见，5. 0% 的纳米 Fe/Ni 反应活性要高于 10%纳米 Fe/Ni 颗粒。

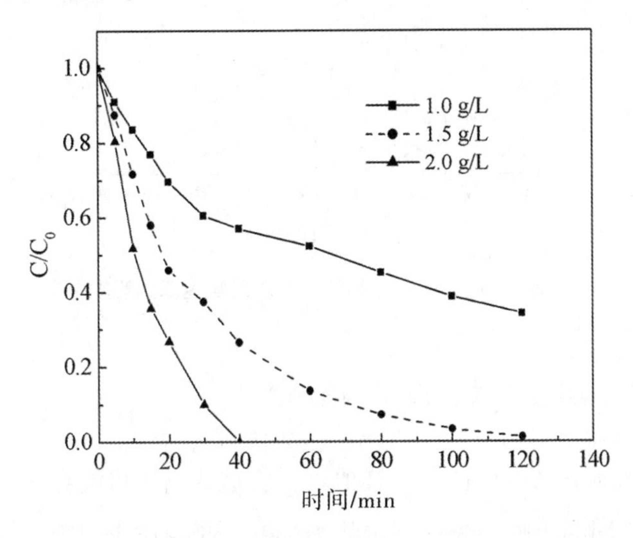

图 3-11　纳米 Fe/Ni 投加剂量对 10% 纳米 Fe/Ni 去除硝酸盐的影响

3. 2. 2. 4 硝酸盐初始浓度的影响

硝酸盐初始浓度也是影响反应进行和产物分配的一个重要因素，实验中制备 5. 0% 纳米 Fe/Ni 颗粒，投加浓度为 1. 5g/L，中性初始 pH 值条件下还原 125mL 不同浓度的硝酸盐溶液，实验结果如图 3-12 所示。

由图 3-12 可以看出，实验中不同初始浓度的硝酸盐溶液与纳米 Fe/Ni 双金属颗粒反应具有相似的趋势，且均可迅速反应完全，硝酸盐初始浓度越大，完全脱硝所需的时间也越长。

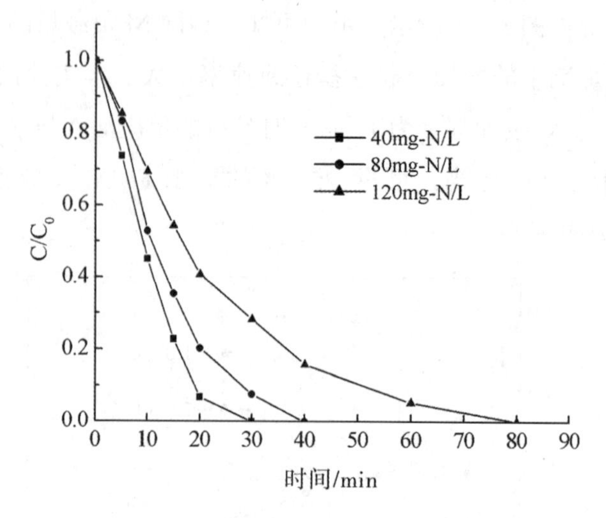

图 3-12　硝酸盐初始浓度对脱氮速率的影响

3.2.2.5 溶液中共存离子的影响

在实际地下水中存在大量其他离子，这些离子可能会对硝酸盐还原过程产生不同的影响，为进一步将纳米 Fe/Ni 颗粒应用于实际地下水中硝酸盐污染物的去除，实验分别考查了地下水中主要共存离子 HCO_3^-、SO_4^{2-} 和 Cl^- 对硝酸盐去除过程的干扰作用，干扰离子浓度分别为 200mg/L，同时与未加共存离子的脱硝实验进行了对比，实验结果如图 3-13 所示。

由图 3-13 可以看出，溶液中共存的 HCO_3^-、SO_4^{2-} 和 Cl^- 离子不同程度地降低了硝酸盐的去除率，其干扰程度由大到小顺序为：$HCO_3^->SO_4^{2-}>Cl^-$。造成去除速率降低的因素主要有两方面：一方面，这些共存离子的存在，促进了 $FeCO_3$、$Fe(OH)_2$ 等沉淀物的生成，并加速了其在纳米颗粒表面的沉积，减少表面活性反应位的数量；另一方面，这些离子的存在会与 NO_3^- 离子竞争活性反应位，减少了 NO_3^- 与活性反应位接触的几率，因而降低了硝酸盐去除速率。

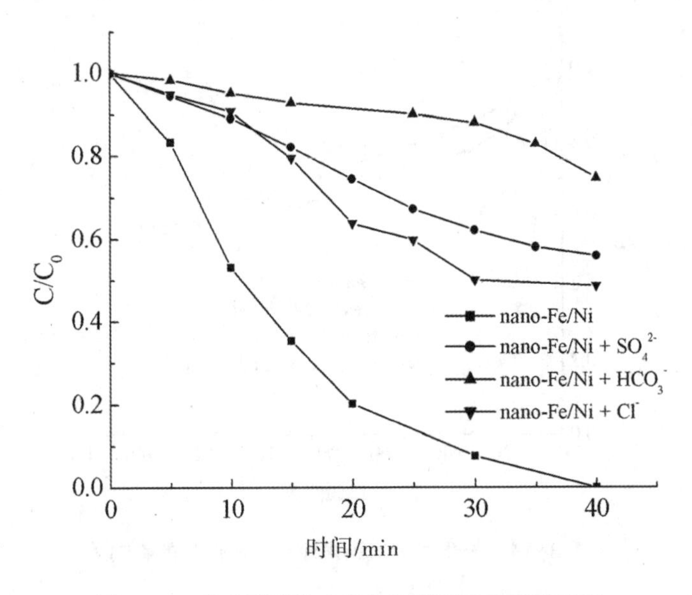

图 3-13　共存离子存在条件下硝酸盐的脱硝反应

3.2.2.6 老化时间对纳米 Fe/Ni 反应活性的影响

新鲜制备的纳米 Fe/Ni 双金属颗粒在空气中不稳定，容易被空气中的氧气氧化，可发生自燃现象，为了考查纳米双金属材料钝化前后反应活性的变化，实验中将新鲜合成的纳米 Fe/Ni 颗粒缓慢暴露于空气中，使纳米颗粒表面逐渐生成一层氧化膜，这层钝化膜可增加纳米颗粒在空气中的稳定性。老化一定时间以后，将空气中稳定的纳米颗粒应用于硝酸盐的去除，并与新鲜制备的纳米 Fe^0、纳米 Fe/Ni 颗粒的反应活性进行比较，同时考查了不同老化时间对纳米颗粒反应活性的影响，反应活性变化趋势如图 3-14 和表 3-3 所示，老化后纳米粒子比表面积变化列于表 3-3。

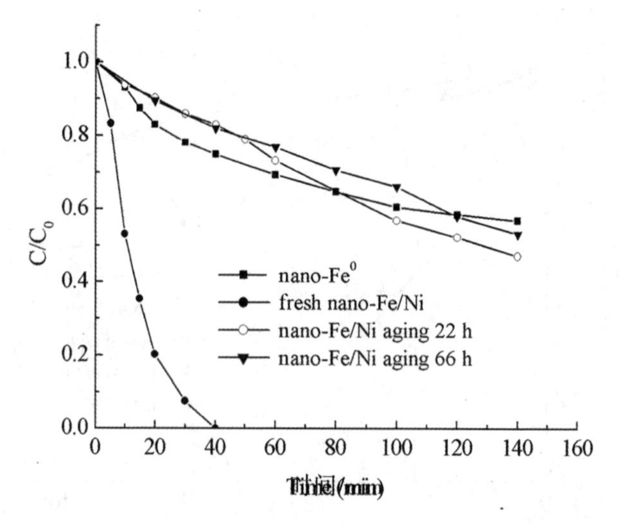

图 3-14　老化时间对纳米颗粒反应活性的影响

由图 3-14 和表 3-3 可以看出，纳米 Fe/Ni 颗粒在空气中老化 22h 后其反应活性由原来的 1.03×10^{-4} 降为 1.21×10^{-5}，约降低了 10 倍，此时纳米双金属颗粒表现的反应活性与新鲜制备纳米 Fe^0 非常相近，继续老化达 66h 时，其反应活性降低的很少，比表面积由新鲜纳米颗粒的 14.6m^2/g 降为 1.05m^2/g，可见在纳米双金属颗粒表面形成老化膜以后，继续老化 44h 对反应活性影响并不大，此时纳米双金属颗粒的反应活性可保持在一定水平。

表 3-3　老化时间对纳米颗粒性质的影响

还原剂	老化时间 /h	BET 比表面积 /(m^2/g)	反应活性 /(mol/min · g_{reduc})
Nanoscale Fe/Ni (5.0% Ni)	Fresh	14.6	1.03×10^{-4}
Nanoscale Fe/Ni (5.0% Ni)	22	-	1.21×10^{-5}
Nanoscale Fe/Ni (5.0% Ni)	66	1.05	1.03×10^{-5}
Nanoscale Fe^0	Fresh	16.9	1.05×10^{-5}

3.3 本章小结

采用同步液相还原法制备了纳米Fe/Ni双金属材料，并应用于硝酸盐污染物的去除，实验利用TEM-EDS、XRD、SEM、BET等分析手段对纳米颗粒的形貌及组成结构进行了分析，并考查了Ni负载量、合成方法、溶液pH值、纳米颗粒投加剂量、老化时间等因素对纳米Fe/Ni材料脱硝反应活性的影响，可得出如下结论：

（1）纳米Fe/Ni双金属材料在制备过程中，增加醇/水比例可减小颗粒粒径，增加表面活性剂用量可在一定程度上减小纳米颗粒的团聚作用，增加颗粒的分散性；合成的纳米Fe/Ni材料呈非晶态。

（2）纳米Fe^0材料中引入金属Ni可明显提高硝酸盐的去除速率，实验条件下，当Ni负载量为5.0%时，纳米Fe/Ni颗粒表现出最大的反应活性，减小或增加纳米Fe^0表面Ni原子的含量都会导致反应活性的降低；不同合成方法制备的纳米材料表现出的反应活性由高到低顺序为：同步合成法制备的纳米Fe/Ni>分步合成法制备的纳米Fe/Ni>纳米Fe^0。

（3）无缓冲剂控制溶液pH值变化的条件下，Fe/Ni双金属材料在初始pH值为中性的溶液中具有较高的脱硝反应速率，酸性或碱性溶液均不利于纳米Fe/Ni还原去除硝酸盐。

（4）随纳米双金属材料投加剂量的增加，完全去除硝酸盐所需时间也逐渐减小；初始浓度为40mg-N/L、80mg-N/L、120mg-N/L的硝酸盐溶液，纳米Fe/Ni投加剂量为1.5g/L时，30～80min硝酸盐去除率可达100%。

（5）溶液中共存的HCO_3^-、SO_4^{2-}和Cl^-离子不同程度地降低了硝酸盐污染物的还原反应速率，其干扰程度由大到小顺序为：$HCO_3^->SO_4^{2-}>Cl^-$。

（6）新鲜制备的纳米Fe/Ni双金属颗粒，经过22h的缓慢老化，可稳定存在于空气中，其还原硝酸盐的反应活性由 1.03×10^{-4}降为 1.21×10^{-5}，降低了约 10 倍，而与纳米 Fe^{0}反应活性相近，在继续老化的 44h 内，纳米颗粒对硝酸盐的反应活性保持了一定的稳定性，其比表面积由 $14.6m^{2}/g$ 降为 $1.05m^{2}/g$，在空气中的氧化增加了纳米粒子的团聚作用。

第4章

纳米 Fe/Cu、Fe/Pd 及 Fe/Pd/Cu 复合材料去除硝酸盐的探讨

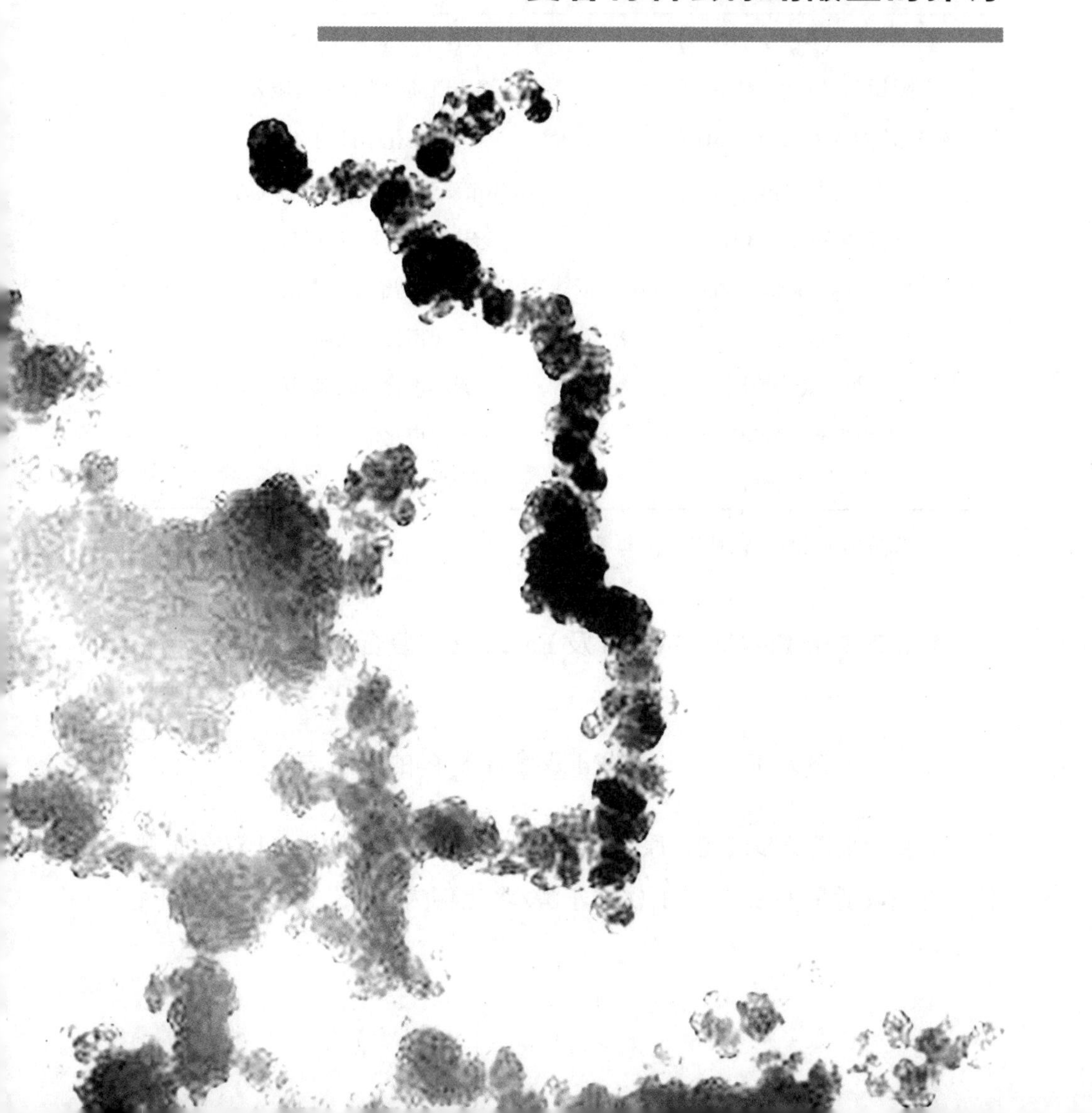

4.1 实验材料与方法

4.1.1 仪器和试剂

本实验的主要试剂见表4-1，主要仪器设备同第3章。

表4-1 实验材料与试剂

试剂名称	生产厂家
硫酸亚铁（$FeSO_4 \cdot 7H_2O$）	天津市福晨化学试剂厂
氯化镍（$NiCl_2 \cdot 6H_2O$）	天津市凯通化学试剂有限公司
硝酸铜（$Cu(NO_3)_2 \cdot 3H_2O$）	天津市化学试剂三厂
氯化钯（$PdCl_2$）	天津市赢达稀贵金属化学试剂厂
硼氢化钠（$NaBH_4$）	天津市福晨化学试剂厂
聚乙二醇（PEG-4000）	上海天莲精细化工有限公司
无水乙醇	天津市化学试剂六厂
硝酸钠（$NaNO_3$）	天津市化学试剂三厂
亚硝酸钠（$NaNO_2$）	天津市化学试剂三厂
氩气（高纯）	天津安兴工业气有限公司

注：除特别说明外，试剂均为分析纯。

4.1.2 纳米Fe/Cu、Fe/Pd及Fe/Pd/Cu复合材料的制备方法

4.1.2.1 纳米Fe/Cu、Fe/Pd双金属材料的制备方法

实验中采用分步液相还原法制备纳米Fe/Cu、纳米Fe/Pd双金属颗粒。首先取适量$FeSO_4 \cdot 7H_2O$溶于醇/水比例为2：5的醇水体系中，

以 PEG-4000 作为分散剂，$NaBH_4/Fe$ 摩尔比为 3∶1 配制 $NaBH_4$溶液，按照第 2.1.2 节中的操作方法制备纳米 Fe^0 颗粒；另取一定量 $Cu(NO_3)_2 \cdot 3H_2O$或 $PdCl_2$配制成溶液，进行脱氧处理。

新鲜制备的纳米 Fe^0颗粒经脱氧无水乙醇和水洗数次后，导入脱氧 $Cu(NO_3)_2$溶液或 $PdCl_2$溶液，以 3000rpm 的速度快速搅拌 1h，使置换反应进行完全，其反应方程式为

$$Fe^{2+}+2BH_4^-+6H_2O \rightarrow Fe^0+2B(OH)_3+7H_2\uparrow$$

$$Fe^0+Cu^{2+} \rightarrow Fe^{2+}+Cu^0$$

$$Fe^0+Pd^{2+} \rightarrow Fe^{2+}+Pd^0$$

将生成的纳米 Fe/Cu 或纳米 Fe/Pd 双金属颗粒分离并用脱氧水和无水乙醇洗涤数次，最后于 70℃烘干待用。整个纳米颗粒制备及干燥过程均在氩气保护下进行无氧操作。

4.1.2.2 纳米 Fe/Pd/Cu 复合材料的制备方法

本部分实验中纳米 Fe/Pd/Cu 复合材料所采用的制备方法与纳米 Fe/Cu 和纳米 Fe/Pd 双金属颗粒制备方法类似，即首先制备纳米 Fe^0颗粒，然后导入一定量的 $Cu(NO_3)_2$和 $PdCl_2$混合溶液，在快速搅拌条件下，使 Cu^{2+}和 Pd^{2+}分别与 Fe^0在纳米颗粒表面发生反应，其操作步骤及纳米材料处理过程与第 4.1.2.1 小节相同。

4.1.3 实验操作步骤及分析方法

纳米 Fe/Cu、纳米 Fe/Pd 及纳米 Fe/Pd/Cu 复合材料去除硝酸盐的实验操作步骤与第 3.1.3 节相同，如无特别说明，实验中硝酸盐溶液初始浓度为 80mg-N/L，纳米颗粒投加剂量以 Fe 计算，投加浓度为1.5g/L，溶液初始 pH 值为中性。

纳米金属复合材料去除硝酸盐过程中 NO_3^-、NO_2^-和 NH_4^+浓度分析方法同第 3 章检测方法。

4.2 结果与讨论

4.2.1 纳米 Fe/Cu 双金属复合材料的表征

采用 PHILIPS EM400ST 型透射电镜（TEM）对新鲜制备的 5.0% 纳米 Fe/Cu 双金属颗粒进行了表征，其电镜图片如图 4-1 所示。利用分步

（a）纳米 Fe/Cu 颗粒 50nm 尺度的 TEM 照片

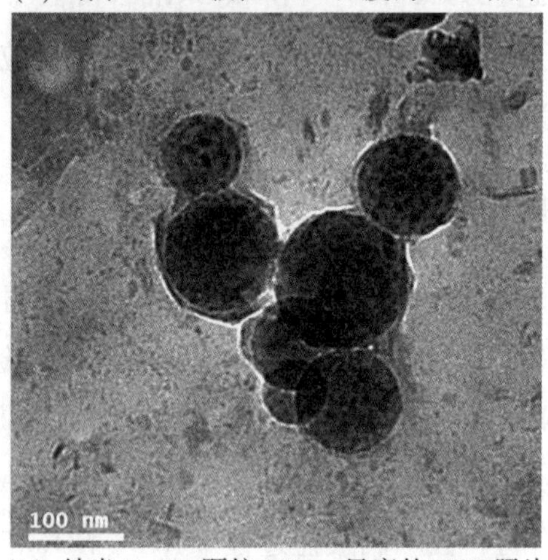

（b）纳米 Fe/Cu 颗粒 100nm 尺度的 TEM 照片

图 4-1　纳米 Fe/Cu 颗粒的 TEM 图片

液相合成法制备的纳米 Fe/Cu 颗粒粒径比较大，在 50 ~ 100nm 之间，且团聚现象比较严重。由于制样时需要用铜网作为样品载体，所以利用 EDS 无法测定 Fe/Cu 纳米颗粒的组成成分，实验采用 IRIS Intrepid Ⅱ XSP 型 ICP-AES 对实验室合成的纳米粒子进行了分析，测定结果表明所测样品中 Cu 含量为 4.5%，证明了自制纳米 Fe/Cu 的双金属组成结构。

4.2.2 纳米 Fe/Cu 还原去除硝酸盐的研究

4.2.2.1 Cu 负载量对纳米双金属材料反应活性的影响

由纳米 Fe/Ni 双金属材料去除硝酸盐的研究可知，不同金属负载量可表现出不同的硝酸盐去除速率，纳米颗粒表面催化剂的含量与纳米双金属材料的反应活性具有密切关系。另一方面，不同催化剂金属具有不同的原子结构，因此在 Fe^0 纳米颗粒表面负载不同的金属元素，对反应活性会产生不同的影响。因此实验中除了选择金属 Ni 为催化剂之外，还对以 Cu 作为催化剂的纳米双金属材料进行了研究，并对 Cu 负载量分别为 1.0%、3.0%、5.0%、7.0%、10% 和 20% 的纳米 Fe/Cu 颗粒脱硝情况进行了考查，实验结果如图 4-2 所示，其中 C/C_0 为不同反应时间溶液中 NO_3^- 浓度与初始 NO_3^- 浓度的比值。

由图 4-2 可以看出，当 Cu 负载量为 5.0% 时，纳米 Fe/Cu 具有最大的反应速率，30min 可将硝酸盐完全去除；负载量小于 5.0% 时，随着 Cu 含量的增加，纳米 Fe/Cu 双金属颗粒的反应活性逐渐增大，当负载量超过 5.0% 以后，其反应活性随 Cu 含量的增加而逐渐降低。Cu 负载量对纳米材料反应活性的影响趋势与金属 Ni 的影响情况类似，只有纳米颗粒表面第二种金属的含量达到一定值时，才能表现出最高的反应活性，在本实验条件下，Cu 和 Ni 的最佳负载量均为 5.0%，小于或超过这个比值都会降低纳米双金属材料去除硝酸盐的反应活性。

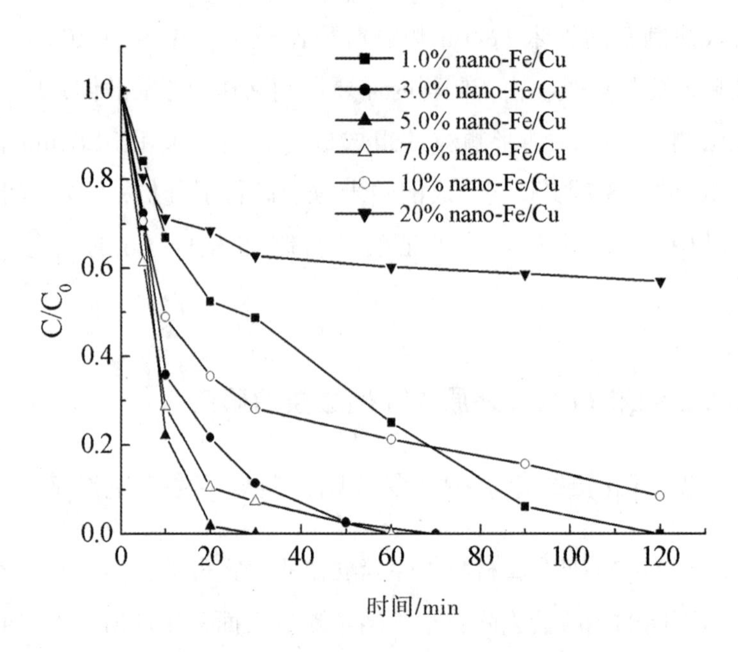

图 4-2　不同 Cu 负载量的纳米 Fe/Cu 颗粒脱硝情况

4.2.2.2 不同硝酸盐初始浓度对去除率的影响

在中性初始 pH 值条件下，应用实验室合成的 5.0% Fe/Cu 双金属材料，与初始浓度分别为 40mg-N/L、60mg-N/L、80mg-N/L、120mg-N/L 的硝酸盐溶液进行反应，考查不同硝酸盐浓度条件下纳米双金属材料还原硝酸盐的情况，反应趋势如图 4-3 所示。由图可以看出，对于低浓度的硝酸盐溶液，纳米 Fe/Cu 可在 30min 内将 80mg-N/L 或小于 80mg-N/L 的硝酸盐溶液反应完全，而对于高浓度硝酸盐溶液，其反应速率相对较慢。

4.2.2.3 纳米 Fe/Cu 的投加量对硝酸盐还原反应的影响

应用不同的 Fe/N 比（8∶1，10∶1，15∶1，19∶1，25∶1），考查不同的 Fe/N 比对硝酸盐还原反应的影响。实验中 Fe 的投加量为

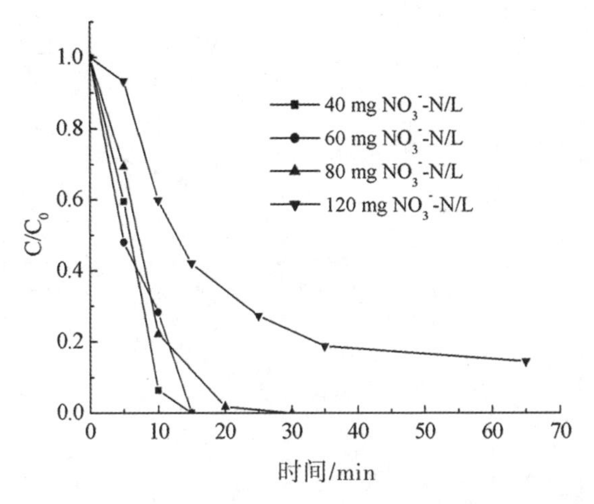

图 4-3　硝酸盐初始浓度对纳米 Fe/Cu 还原速率的影响

0.06g 和 0.225g，硝酸盐溶液的初始 pH 值均约为 7.0，并且在反应过程中并没有对溶液的 pH 值进行控制。实验结果如图 4-4 所示，不同的的 Fe/N 比对硝酸盐的还原反应的影响也有所不同。

随着 Fe/N 比的增加，硝酸盐去除率逐渐升高，亚硝酸盐氮生成率逐渐降低，氨氮生成率逐渐增加。当 Fe/N 为 10∶1 时，亚硝酸盐氮生成率最高，达到了 27.84%，而 Fe/N 为 25∶1 时，没有检测到亚硝酸盐氮。分析数据可知，当 Fe/N 为 10∶1 时，溶液中亚硝酸盐/氨氮的比值符合厌氧氨氧化工艺的进水要求。

4.2.2.4 纳米 Fe/Cu 老化时间对硝酸盐污染物去除的影响

将空气缓慢引入新鲜制备的纳米 Fe/Cu 中，使纳米颗粒表面逐渐生成一层氧化膜，这层钝化膜可增加纳米颗粒在空气中的稳定性。考查纳米 Fe/Cu 老化时间 8h、12h、24h、48h 后还原硝酸盐的效果。

以 250mL 的滴液瓶为反应器，取 150mL 的 80mg/L 的硝酸钠溶液，将其加入到 250mg/L 老化纳米 Fe/Cu 的反应瓶中，并于恒温水浴振荡器中振荡，在不同时间点进行取样，测定水样中残留硝酸盐、氨氮及亚硝酸盐浓度。

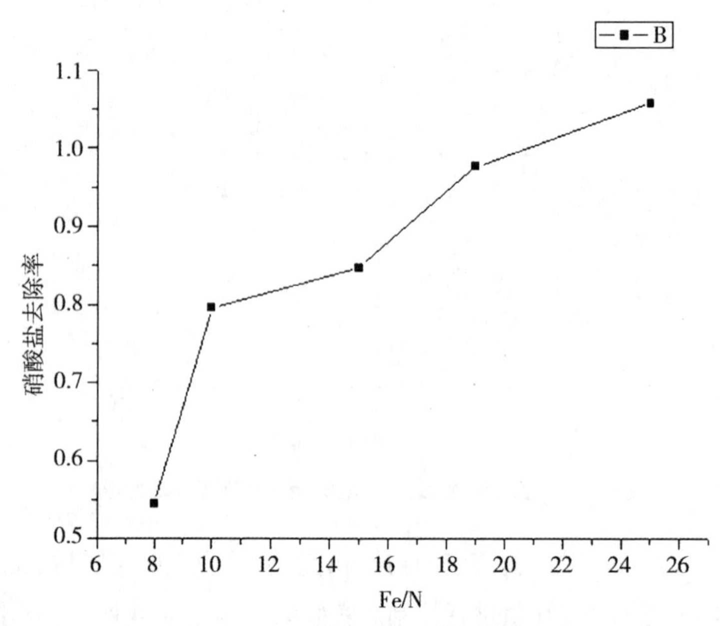

图 4-4　不同的 Fe/N 比对硝酸盐去除率的影响

结果表明，不同老化程度的纳米 Fe/Cu 对硝酸盐的去除效果相差很大，即硝酸盐的去除率与纳米 Fe/Cu 的活性有很大关系。纳米 Fe/Cu 的老化时间越长，去除硝酸盐的速率越慢，原因可能是更多的纳米 Fe/Cu 被氧化从而失去活性，因而减少了水体中的与硝酸盐反应的速率。

通过实验得知，新鲜制备的纳米 Fe/Cu 对硝酸盐的去除率达到了 90%以上，而老化 8h 和 12h 的纳米铁去除率只有 80%左右，老化 24h 的纳米铁就只有 70%，老化 48h 的纳米铁对硝酸盐的去除率仅仅 50%左右。

4.2.3 纳米 Fe/Pd 还原去除硝酸盐的初步研究

金属 Pd 是纳米铁系双金属材料去除有机氯污染物中常用的一种催化剂，在脱氯反应中具有较高的反应活性和较好的产物选择性，另外在负载型催化剂催化还原硝酸盐的研究中，金属 Pd 也是研究得最多的一种金属。大量研究表明，单质 Pd 对亚硝酸盐可进行选择性吸附，在一定反应条件下可将亚硝酸盐选择性地还原为 N_2。实验室用分步液相合成法制备了纳米 Fe/Pd 双金属材料，并对其还原硝酸盐的反应进行了初步探讨。Pd 含量为 0.5% 的纳米 Fe/Pd 颗粒与 80mg-N/L 硝酸盐溶液反应的情况如图 4-5 所示，由图可见，与单金属纳米 Fe^0 相比，纳米颗粒表面上贵金属 Pd 的负载对纳米材料的反应活性也有一定程度的提高。

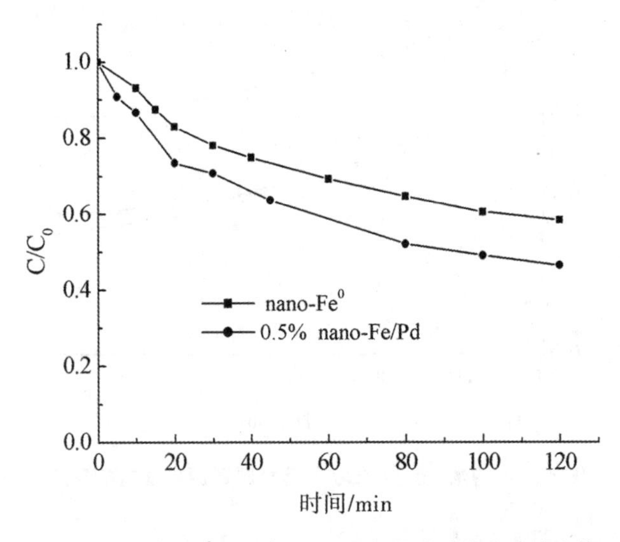

图 4-5　纳米 Fe^0 和纳米 Fe/Pd 还原硝酸盐速率的比较

4.2.4 Fe/Pd/Cu 纳米复合材料还原去除硝酸盐的初步研究

在负载型催化剂催化还原硝酸盐的研究中，Pd-Cu 是研究得最多的一种催化剂组合，实验合成了纳米 Fe/Pd/Cu 颗粒，并对这种复合材料去除硝酸盐的情况进行了初步研究，制备中按 Pd：Cu 比例为1：1合成纳米颗粒，Pd 含量为 0.5%、1.0% 的纳米 Fe/Pd/Cu 材料与硝酸盐反应趋势如图 4-6 所示。由实验结果可以看出，与单金属纳米 Fe^0 相比，纳米 Fe/Pd/Cu 颗粒明显提高了硝酸盐的去除速率，增加了 Fe^0 颗粒的反应活性，但是本实验中 0.5% 与 1.0% 的纳米 Fe/Pd/Cu 材料对硝酸盐的反应活性没有明显区别。

纳米 Fe^0、0.5% Fe/Pd 和 0.5% Fe/Pd/Cu 去除 NO_3^- 反应活性如图 4-7 所示，随纳米颗粒表面负载金属含量的增加，纳米 Fe^0的反应活性也逐渐增大，即不同纳米颗粒去除 NO_3^- 反应活性顺序依次为：0.5% Fe/Pd/Cu>0.5% Fe/Pd>Fe^0。

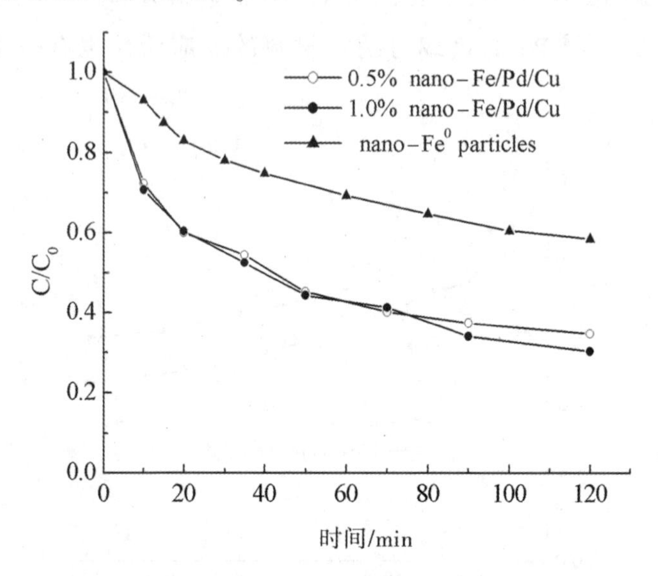

图 4-6 纳米 Fe/Pd/Cu 复合材料还原硝酸盐的反应

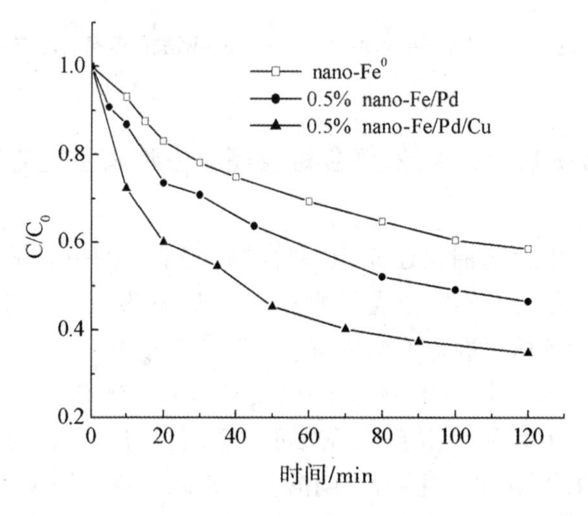

图 4-7 双金属纳米颗粒与三金属纳米颗粒反应活性比较

4.2.5 不同金属催化剂对零价铁系纳米双金属材料反应活性的影响

实验中选择了以 Ni、Cu 和 Pd 三种常用的催化剂金属合成纳米零价铁系双金属复合材料，并应用其去除水中的硝酸盐污染物，对不同实验条件下三种类型纳米材料的反应活性进行了考查，由于不同催化剂金属原子结构及性质存在差异，在此基础上制备的纳米复合材料也具有不同的反应性能。在硝酸盐污染物去除过程中，催化剂金属 Ni、Cu 和 Pd 对纳米零价铁颗粒的不同催化作用如图 4-8 所示。由结果可知，金属 Ni、Cu、Pd 的引入对纳米零价铁材料的脱硝反应活性具有不同程度的促进作用，实验对 5.0% Fe/Pd 金属去除硝酸盐的反应也进行了考查，结果表明其硝酸盐去除速率高于 0.5% Fe/Pd 纳米颗粒，但低于 Ni、Cu 作为催化剂时硝酸盐的反应速率。因此可以得出，在合成的三种类型纳米双金属复合材料中，以金属 Cu 作为催化剂对纳米 Fe^0 颗粒反应活性的促进作用最大，不同纳米材料还原硝酸盐污染物的反应速率由高到低顺序为：5.0% Fe/Cu>5.0% Fe/Ni>5.0% Fe/Pd>Fe^0。

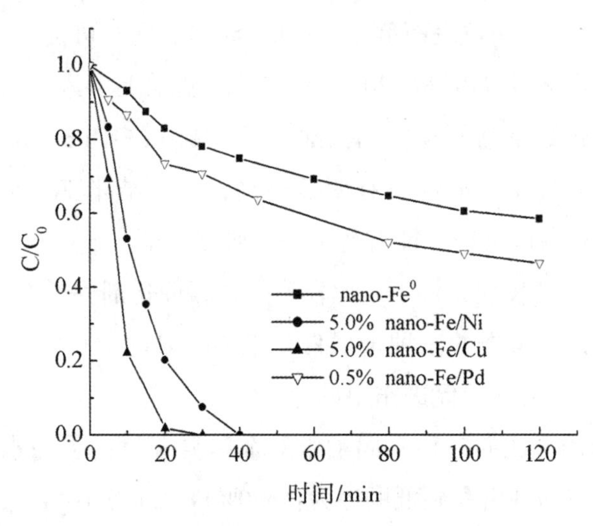

图 4-8　不同金属催化剂对纳米 Fe^0 颗粒反应活性的影响

4.3 本章小结

实验采用分步液相合成法分别制备了纳米 Fe/Cu、Fe/Pd 和纳米 Fe/Pd/Cu 金属复合材料，对不同类型纳米颗粒还原水中硝酸盐污染物的反应活性进行了初步探讨，并与纳米 Fe^0 和纳米 Fe/Ni 颗粒的反应性能进行了对比，根据实验结果可以得出以下结论：

（1）在不同催化剂含量对纳米颗粒反应活性的影响实验中，当 Cu 负载量为 5.0%时，纳米 Fe/Cu 颗粒具有最大的反应速率，30min 可将硝酸盐污染物反应完全，低于或高于这个比值，都会降低纳米材料的反应活性。

（2）对于低初始浓度的硝酸盐溶液，纳米 Fe/Cu 颗粒可快速反应完全，而对于较高初始浓度的硝酸盐污染物，纳米 Fe/Cu 反应速率相对较慢。

（3）初步探讨了将金属 Pd 作为催化剂引入纳米 Fe^0 体系中，实验结果表明，在 Fe^0 颗粒表面负载一定量金属 Pd 同样可提高纳米 Fe^0 还原硝酸盐的反应活性，在 Fe/Pd 纳米材料的基础上引入第三种金属 Cu，可进一步促进硝酸盐污染物的去除；但是 1.0% Fe/Pd/Cu 与 0.5% Fe/Pd/Cu 相比，其反应活性没有明显升高；对于纳米 Fe/Pd 与纳米 Fe/Pd/Cu 复合材料的反应性能有待进一步研究。

（4）在最佳反应条件下，比较不同金属催化剂种类对纳米 Fe^0 反应活性的影响，在考查的三种金属催化剂 Ni、Cu、Pd 中，金属 Cu 对纳米 Fe^0 体系反应活性的促进作用最大。

（5）应用合成的三种不同纳米双金属复合材料去除水中硝酸盐污染物，其反应活性由高到低顺序为：5.0% Fe/Cu>5.0% Fe/Ni>5.0% Fe/Pd>Fe^0。

第5章

纳米零价铁系复合材料还原硝酸盐的产物分析及动力学探讨

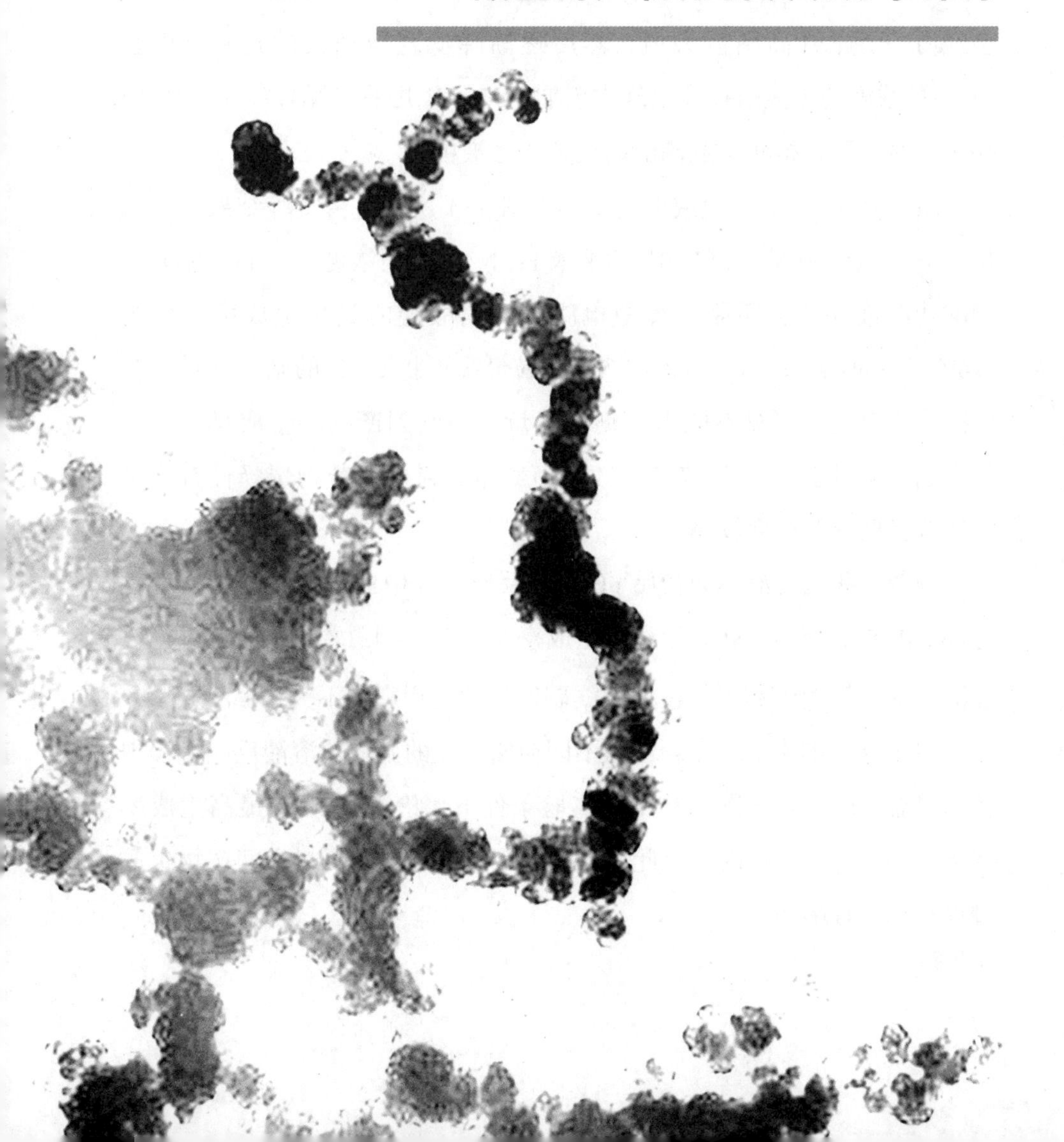

5.1 纳米 Fe/Ni 双金属颗粒去除硝酸盐的产物分析及动力学机理

5.1.1 不同实验条件对反应过程中亚硝酸盐生成率的影响

在纳米 Fe/Ni 双金属颗粒去除硝酸盐污染物的研究过程中，发现溶液中有少量 NO_2^--N 作为中间副产物被检出，其浓度变化随反应的进行会经历一个先升高到极大值，然后逐渐降低直至消失的过程，而且 NO_2^--N 浓度的极大值往往出现在前期；NO_2^--N 几乎与 NO_3^--N 同时反应完全，最后没有检测出亚硝酸盐残留于溶液中。

Ni 负载量对 NO_2^- 生成率的影响如图 5-1 所示，由实验结果可以看出，Ni 负载量为 5.0% 和 10% 的纳米 Fe/Ni 颗粒与浓度为 80mg-N/L 的硝酸盐溶液反应，还原过程中检测出亚硝酸盐的最高生成率分别为 3.6% 和 3.8%，而 20% Fe/Ni 纳米颗粒最高可将 8.6% 的硝酸盐转化为中间产物 NO_2^-，可见不同催化剂负载量对中间副产物的生成具有一定的影响，但对于 Ni 元素来说，改变负载量，对中间产物选择性有一定的影响，但影响程度较小。

调节硝酸盐溶液不同初始 pH 值，反应过程中亚硝酸盐浓度的变化趋势如图 5-2 所示，NO_2^- 的最高生成率在 2.2%～4.1% 范围内，可见改变溶液 pH 值对硝酸盐转化为 NO_2^- 副产物的过程影响不大。

图 5-3 为纳米 Fe/Ni 颗粒与不同初始浓度的硝酸盐溶液反应过程中亚硝酸盐生成率变化图，在不同实验条件下，检测出 NO_2^- 最高生成率在 2.9%～3.7% 范围内，由此可知改变溶液初始浓度，对中间产物生成过程几乎没有影响。

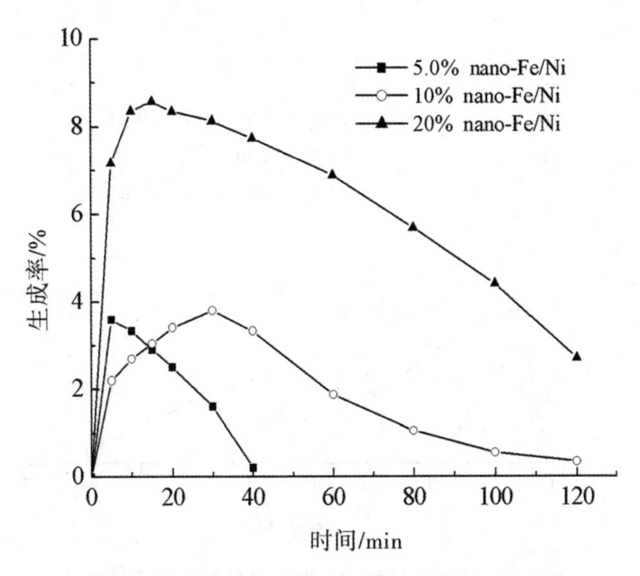

图5-1　Ni负载量对亚硝酸生成率的影响

（NO_3^- 浓度80mg-N/L；nano-Fe/Ni浓度以Fe计1.5g/L）

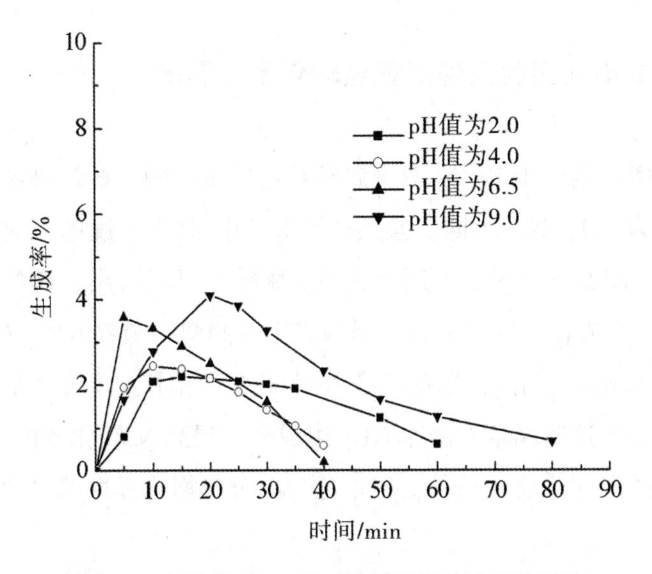

图5-2　溶液初始pH值对亚硝酸盐生成率的影响

（Ni负载量5.0%；NO_3^- 浓度80mg-N/L；nano-Fe/Ni浓度以Fe计为1.5g/L）

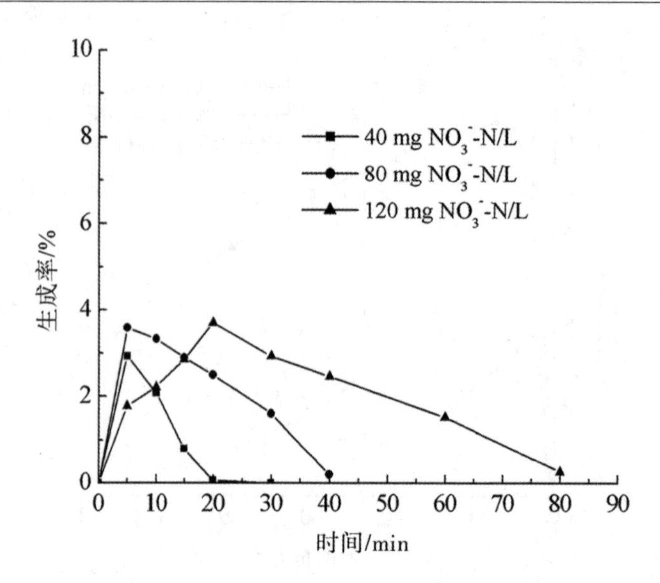

图 5-3　硝酸盐初始浓度对亚硝酸盐生成率的影响

（Ni 负载量 5.0%；nano-Fe/Ni 浓度以 Fe 计为 1.5g/L）

5.1.2 不同实验条件对氨氮转化率的影响

实验室自制纳米 Fe/Ni 双金属颗粒还原去除硝酸盐污染物，其最终产物主要为 NH_4^+-N，不同实验条件下溶液中 NH_4^+ 浓度的变化趋势分别如图 5-4、图 5-5、图 5-6 所示，由实验结果可以看出，硝酸盐去除过程中，NH_4^+ 生成量随反应的进行呈单调上升趋势，最终 NH_4^+ 转化率均在 84.6%～90.6%范围内，因此改变 Ni 负载量、溶液初始 pH 值、硝酸盐溶液初始浓度这些因素对减小 NH_4^+ 生成率，提高 N_2转化率的贡献很小，单纯依靠改变这些反应条件，很难达到改善产物选择性的目的。

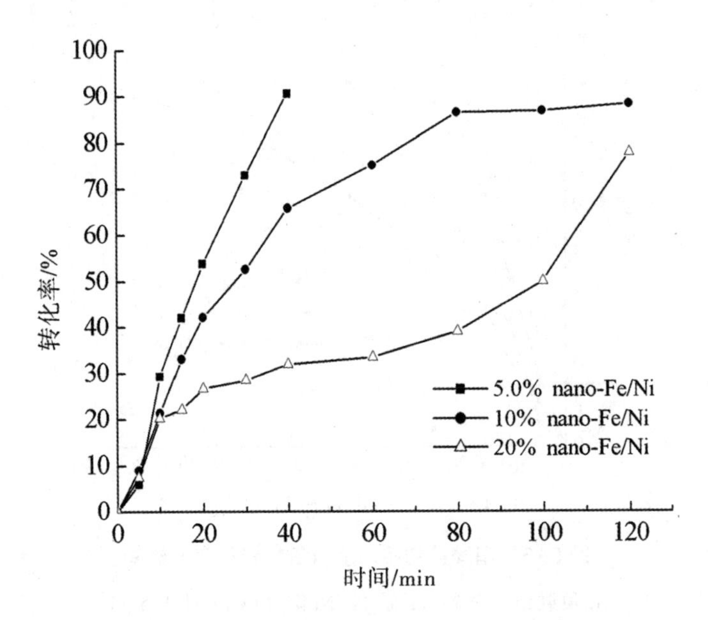

图 5-4　Ni 负载量对氨氮转化率的影响

（NO_3^- 浓度 80mg-N/L；nano-Fe/Ni 浓度以 Fe 计为 1.5g/L）

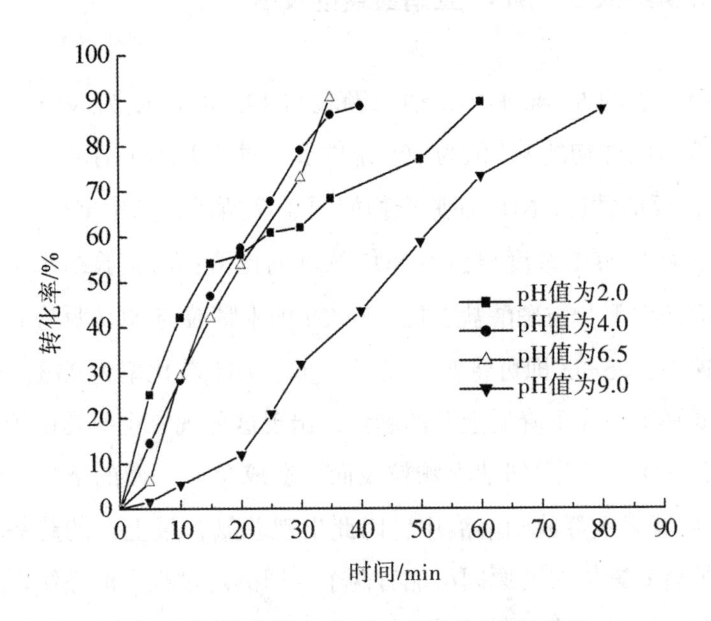

图 5-5　溶液初始 pH 值对氨氮转化率的影响

（Ni 负载量 5.0%；NO_3^- 浓度 80mg-N/L；nano-Fe/Ni 浓度以 Fe 计为 1.5g/L）

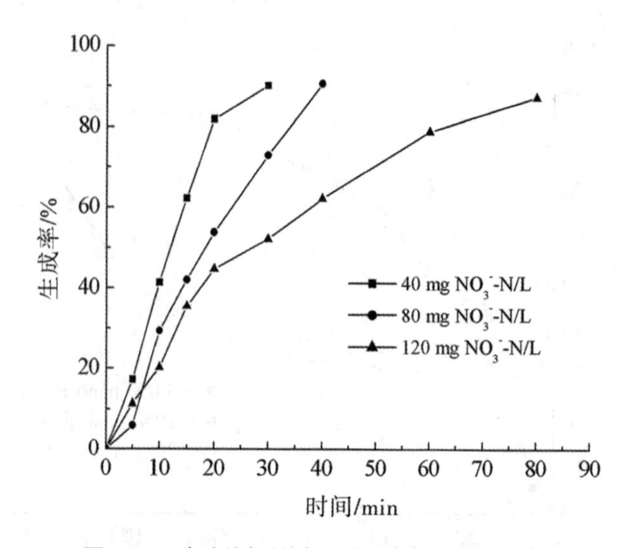

图 5-6 硝酸盐初始浓度对氨氮转化率的影响

（Ni 负载量 5.0%；nano-Fe/Ni 浓度以 Fe 计 1.5g/L）

5.1.3 纳米 Fe/Ni 与亚硝酸盐的反应

利用合成的 5.0% Fe/Ni 纳米颗粒与 125mL 浓度为 80mg-N/L 的 NO_2^- 反应，同样初始 pH 值为中性条件下，对比 Fe/Ni 纳米粒子与 NO_3^- 和 NO_2^- 的反应情况。NO_2^- 还原产物如图 5-7 所示，其中 C/C_0为不同反应时间溶液中 NO_2^- 浓度与初始 NO_2^- 浓度的比值；由实验结果可知，在相同反应条件下，与硝酸盐对比，Fe/Ni 纳米颗粒与 NO_2^- 反应具有更快的反应速率，25min 即可将 NO_2^- 完全去除，NH_4^+ 转化率为 93%；反应过程中总氮平衡呈先下降后上升的趋势，出现这种现象主要是由于反应过程中部分 NO_2^- 被吸附到纳米颗粒表面，造成总氮平衡的下降，而转化为 NH_4^+ 后氮素被释放到溶液中，因此出现总氮含量上升的趋势，反应进行到最后氮素损失的原因可能有两个，即测定过程中的系统误差，或部分硝酸盐在反应中被转化为 N_2，而由于检测手段有限，还原过程中并未对 N_2进行检测。

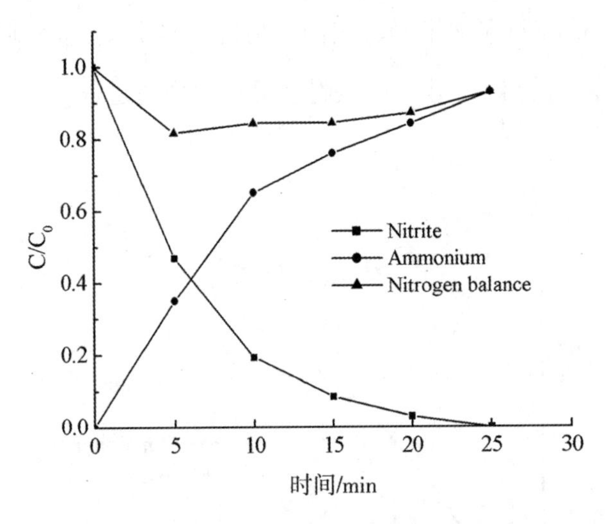

图 5-7　纳米 Fe/Ni 还原亚硝酸盐的产物分析

5.1.4 纳米 Fe/Ni 还原硝酸盐的产物分析及反应机理探讨

5.0% Fe/Ni 纳米颗粒还原硝酸盐过程中产物分配及总氮平衡如图 5-8和图 5-9 所示。由图可知，在纳米 Fe/Ni 与硝酸盐污染物反应过程中，随着硝酸盐浓度的下降，NH_4^+ 生成率逐渐升高，反应中有少量 NO_2^- 作为中间副产物被检出，且 NO_2^- 含量呈先升高后降低的趋势，最后没有 NO_2^- 残留于溶液中；总氮平衡在反应中呈现先降低后又逐渐升高的趋势，由图 5-9 可知，实验中测定的总氮含量最小值是未反应时总氮含量的 77%，反应完全后总氮量又上升到 91%。

由 Fe/Ni 纳米双金属颗粒与 NO_3^-、NO_2^- 的反应速率及对产物的分析结果可以得出纳米 Fe/Ni 还原硝酸盐为一个连续的分步反应，其反应过程如图 5-10 所示（C/C_0为不同反应时间溶液中各离子浓度与初始 NO_3^- 浓度的比值），即溶液中的 NO_3^- 首先被吸附到纳米颗粒表面的活性反应位，并被转化为 NO_2^-，这步反应在整个还原过程中相对比较慢，生成

的部分 NO_2^- 被吸附在纳米颗粒表面，另外一部分则解吸到溶液中，并与纳米颗粒表面的 NO_2^- 建立起吸附、解吸的平衡过程。

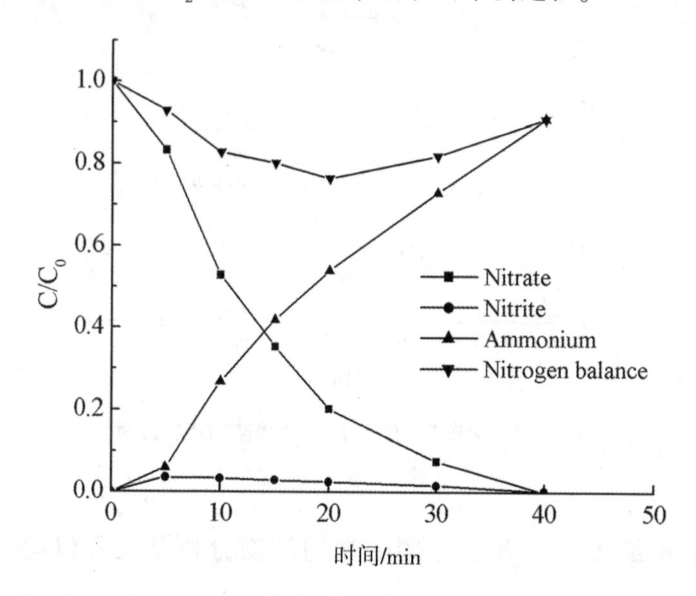

图 5-8　5.0% Fe/Ni 纳米双金属材料还原硝酸盐产物分析及总氮平衡

在双金属纳米颗粒表面吸附的 NO_2^-，可被进一步还原为 NH_4^+、N_2，这个还原过程在整个反应中进行的比较快，实验中考查了纳米颗粒与 NH_4^+ 的反应，结果证明纳米颗粒对 NH_4^+ 几乎没有吸附作用，所以 NO_2^- 被转化为 NH_4^+ 后立即被释放到溶液中；检测过程中可能会有一部分 NO_3^-、NO_2^- 吸附在颗粒表面，从而使总氮平衡会有一个降低的过程，而当所有 NO_3^- 被转化为 NH_4^+ 后，总氮又会出现回升。

纳米 Fe/Ni 双金属颗粒的反应历程与纳米 Fe^0 相似，可以表示为：$NO_3^- \rightarrow NO_2^- \rightarrow NH_4^+$，不同的是 Ni 的引入加快了纳米颗粒与硝酸盐的反应速率，但是对于反应历程影响较小。

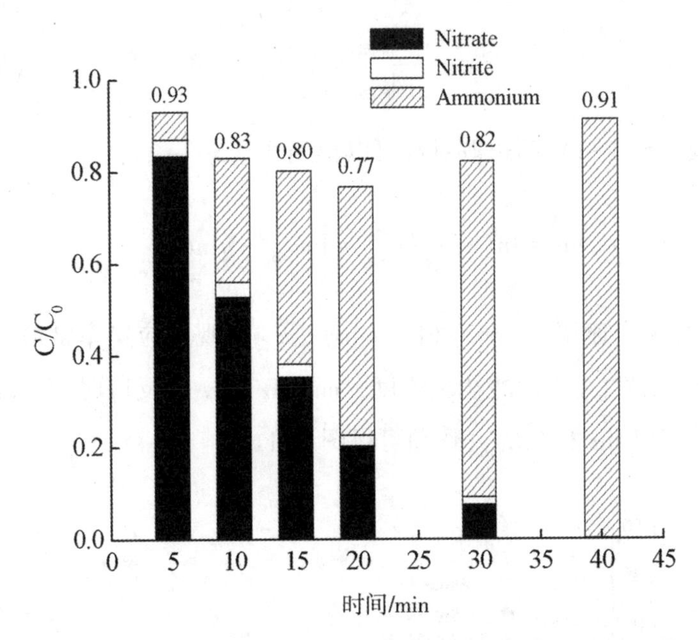

图 5-9　Fe/Ni 纳米双金属材料还原硝酸盐产物分析及总氮平衡

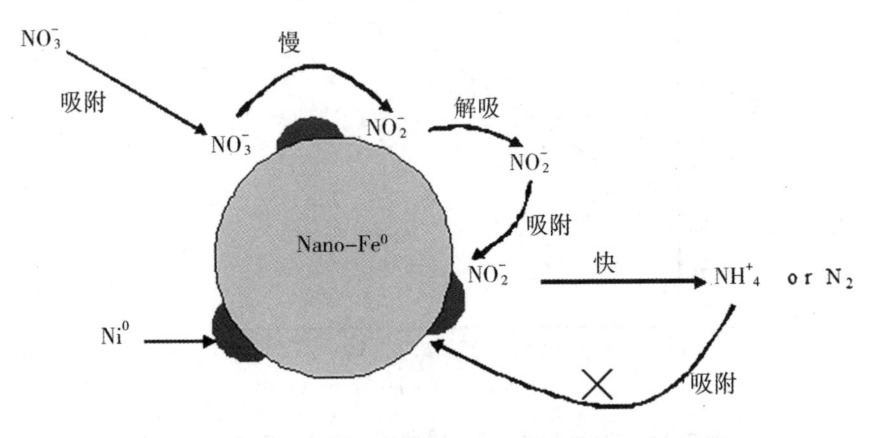

图 5-10　纳米 Fe/Ni 双金属颗粒还原硝酸盐反应机理示意图

5.1.5 纳米 Fe/Ni 还原硝酸盐反应动力学探讨

纳米 Fe/Ni 双金属颗粒去除硝酸盐反应过程比较复杂，反应速率与溶液中硝酸盐浓度之间的关系可用下列方程式表示：

$$r = -\frac{dC_{nitrate}}{dt} = k_{obs}C_{nitrate}^{n} \quad (5-1-1)$$

将式（5-1-1）两边取对数可以得到式（5-1-2）：

$$\ln r = \ln(\frac{-dC_{nitrate}}{dt}) = \ln k_{obs} + n\ln C_{nitrate} \quad (5-1-2)$$

其中，r 为反应速率，mg-N/(L · min)；k_{obs}表观反应速率常数，（mg-N/L）/min；$C_{nitrate}$为硝酸盐氮浓度，mg-N/L；t 为反应时间 min；n 为反应级数。以 ln$r$ 和 ln$C_{nitrate}$作图可得图 5-11。

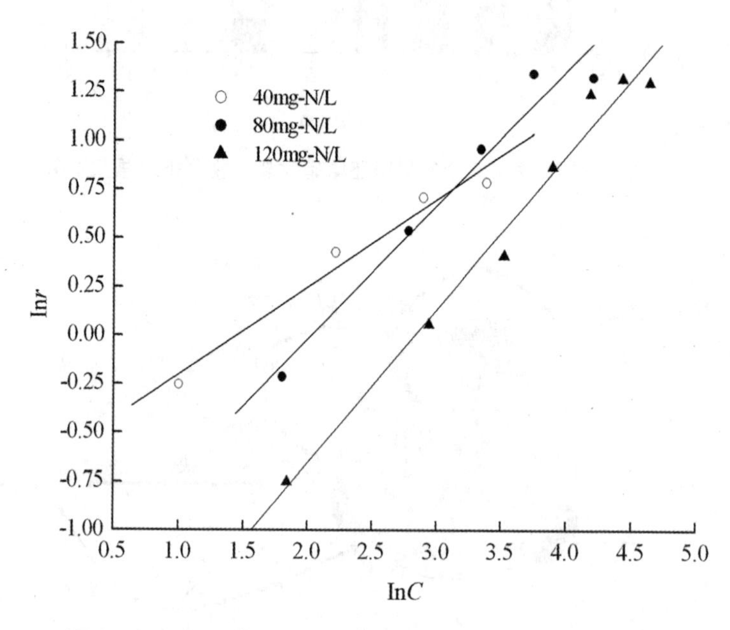

图 5-11　5. 0%的纳米 Fe/Ni 脱硝反应的 ln$C$ 和 ln$r$ 关系图

由图 5-11 的截距和斜率可得到反应的反应级数 n、表观速率常数 k_{obs}，并可总结出纳米 Fe/Ni 双金属材料去除硝酸盐反应的反应速率方程式，见表 5-1，由结果可以看出，ln$r$ 与 ln$C_{nitrate}$之间存在很好的线性关系，不同初始硝酸盐浓度具有不同的反应速率，在本实验条件下，纳米颗粒还原硝酸盐的反应级数在 0. 45 ～ 0. 79 之间。

表 5-1　5.0% Fe/Ni 纳米双金属材料还原硝酸盐的反应速率方程式

NO_3^--初始浓度 /(mg-N/L)	反应级数 n	K_{obs} /(mg-N/L)$^{1-n}$/min	反应速率方程式
40	0.45	0.52	$-d[NO_3^-]/dt=0.52[NO_3^-]^{0.45}$
80	0.69	0.25	$-d[NO_3^-]/dt=0.25[NO_3^-]^{0.69}$
120	0.79	0.11	$-d[NO_3^-]/dt=0.11[NO_3^-]^{0.79}$

5.2　纳米 Fe/Cu 双金属材料还原硝酸盐污染物的产物分析

5.2.1 不同实验条件对纳米 Fe/Cu 反应体系中 NO_2^- 转化率的影响

在提高纳米材料反应活性方面，纳米 Fe^0颗粒表面负载不同金属元素 Ni、Cu、Pd 对零价铁反应活性具有不同程度的促进作用，其中以 Cu 的促进作用最大，且当 Cu 负载量为 5.0% 时，纳米 Fe/Cu 还原硝酸盐具有最快的反应速率；对于改善产物选择性来说，与纳米 Fe^0相比，在纳米颗粒中引入金属 Ni 作为催化剂，对硝酸盐还原产物的影响并不大；经实验考查，选择以 Cu 作为催化剂催化还原硝酸盐污染物，其还原产物分配产生了很大变化。

图 5-12 所示为 1.0% 的纳米 Fe/Cu 双金属材料与硝酸盐污染物反应，还原产物及总氮含量变化趋势图，C/C_0为不同反应时间溶液中各离子浓度与初始 NO_3^- 浓度的比值，由图可以看出，应用 1.0% 的 Fe/Cu 纳米颗粒去除硝酸盐，NO_2^--N 转化率最高可达 15.9%，随反应的进行，NO_2^- 浓度经历一个先升高后降低的过程，最后与硝酸盐同时被反应完，还原过程中总氮含量为逐渐下降的趋势，并未出现回升的现象。

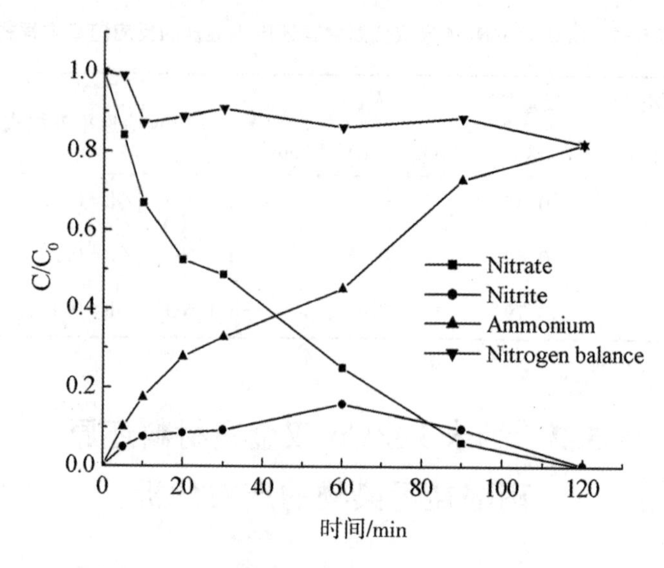

图 5-12　1.0%的纳米 Fe/Cu 还原硝酸盐产物分析

5.0% 的纳米 Fe/Cu 双金属材料还原去除硝酸盐的产物分配如图 5-13和图 5-14 所示，与 1.0%负载量相比，5.0%的纳米 Fe/Cu 材料反应活性比较高，30min 硝酸盐就被反应完全，但此时仍有约 31%的 NO_2^- 盐残留于溶液中，继续反应 50min，NO_2^- 被反应完全，整个反应过程中 NO_2^- 浓度也呈先升高后降低的趋势，而总氮呈单调减小的趋势。

如图 5-15 所示为 10%的纳米 Fe/Cu 与硝酸盐反应过程中，各种氮素浓度及总氮含量的变化趋势图，由于纳米颗粒与硝酸盐反应速率比较慢，在硝酸盐还原完全时，仍有 27%的亚硝酸盐溶于溶液中，随着反应的进行，氨氮生成量逐渐增加，总氮呈单调递减的趋势。

不同催化剂负载量对反应过程中 NO_2^- 转化率的影响如图 5-16 所示，C/C_0为不同反应时间溶液中 NO_2^- 浓度与初始 NO_3^- 浓度的比值，图中对比了负载量为 1.0%、5.0%、10%时亚硝酸盐浓度的变化趋势，Cu 含量不同时，NO_2^- 最高转化率如图 5-17 所示。

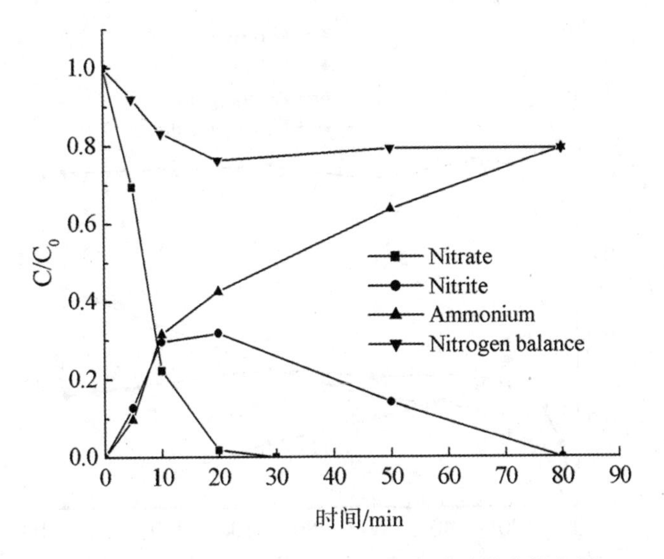

图5-13　5.0%的纳米 Fe/Cu 还原硝酸盐产物分析

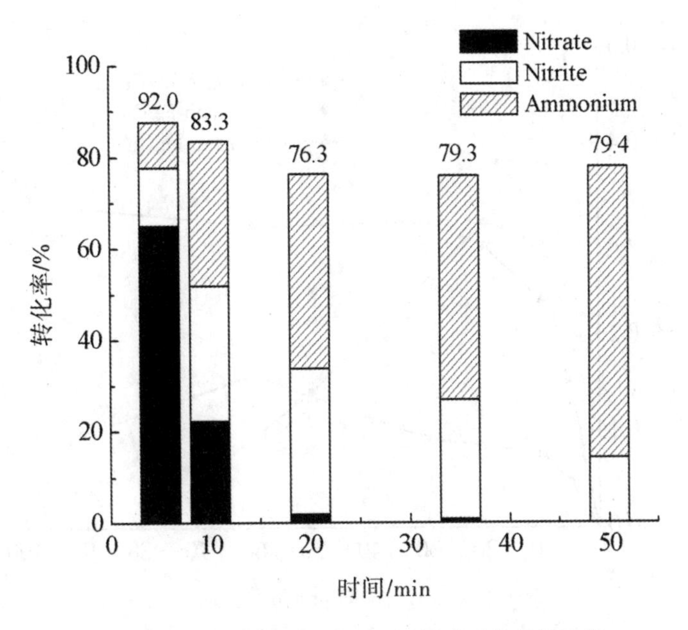

图5-14　5.0%的纳米 Fe/Cu 还原硝酸盐总氮平衡

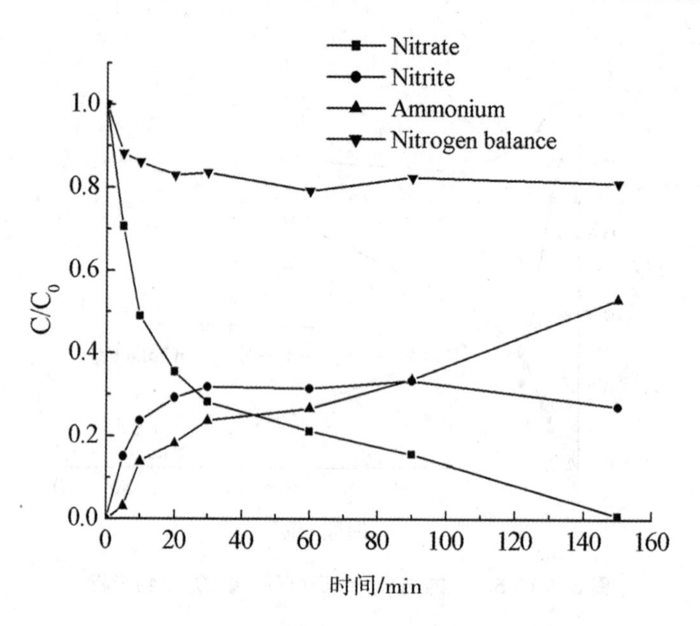

图 5-15　10% 的纳米 Fe/Cu 还原硝酸盐产物分析

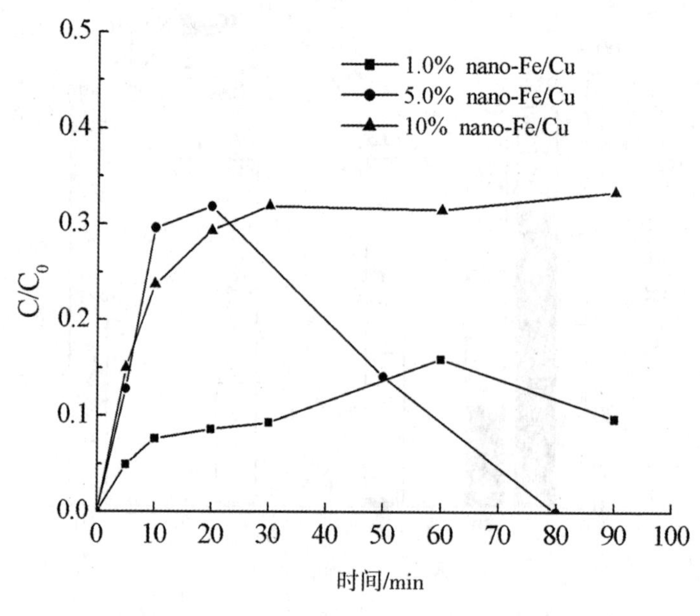

图 5-16　Cu 负载量对 NO_2^- 浓度变化的影响

（NO_3^- 浓度 80mg-N/L；nano-Fe/Cu 以 Fe 计 1.5g/L）

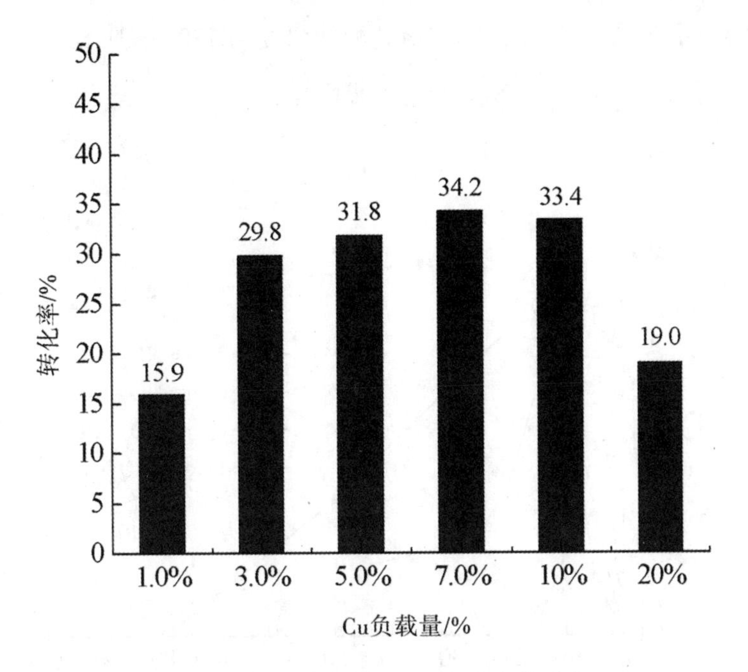

图 5-17　Cu 负载量对 NO_2^- 转化率的影响

由图可以看出，Cu 负载量对纳米双金属材料反应活性的影响趋势与 NO_2^- 最高转化率的变化规律一致，即最初随 Cu 负载量的增加，反应过程中 NO_2^- 最高转化率也随之增大，当 Cu 含量为 7.0% 时，反应过程中可检测出 NO_2^- 转化率最大可达 34.2%，继续增加纳米颗粒表面 Cu 负载量，可造成 NO_2^- 转化率的降低。也可以说，纳米 Fe/Cu 双金属材料反应活性高时，具有较快的硝酸盐去除速率，同时也可得到较大的亚硝酸盐转化率。这一结果进一步验证了纳米双金属颗粒还原硝酸盐为连续分步反应的机理。

硝酸盐溶液初始浓度为 40mg-N/L、60mg-N/L、120mg-N/L 时，在纳米 Fe/Cu 双金属材料还原体系中，NO_2^- 浓度随反应变化曲线如图 5-18 所示，各实验过程中，NO_2^- 检测出的最大转化率如图 5-19 所示。由实验结果可知，在不同初始浓度条件下，NO_2^- 转化率随反应的进行，其浓度变化同样经历一个先升高后降低的趋势，增加硝酸盐初始浓度，可

增大溶液中 NO_2^- 最高转化率，当硝酸盐浓度为 120mg-N/L 时，反应中可检测出约有 39% 的硝酸盐被转化成 NO_2^-。

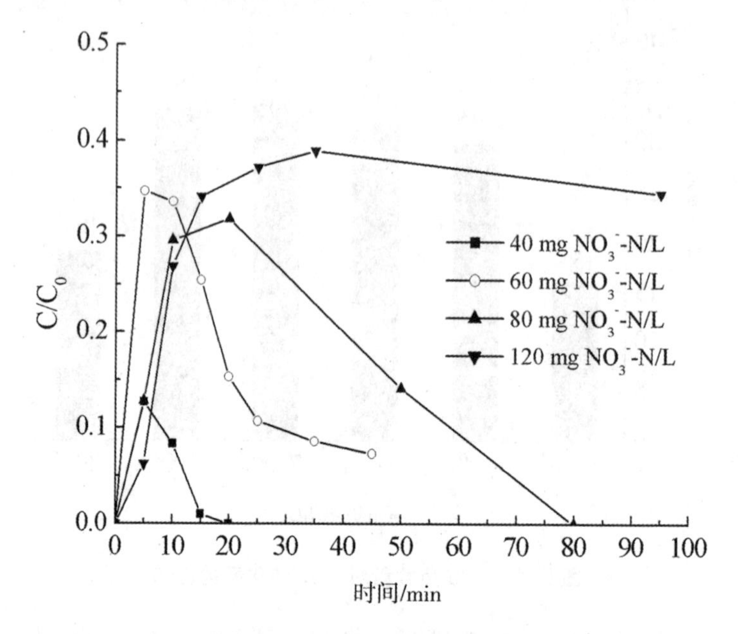

图 5-18　不同初始浓度对 NO_2^- 生成率的影响

（Cu 负载量 5.0%；nano-Fe/Cu 以 Fe 计 1.5g/L）

根据以上对纳米 Fe/Cu 颗粒还原硝酸盐结果的分析研究可以得出以下结论：

（1）反应过程中，NO_2^- 作为一种中间副产物，其浓度变化呈先上升后下降的趋势。

（2）反应中 NO_2^- 可检测出的最高转化率与纳米 Fe/Cu 双金属颗粒反应活性成正比；即纳米颗粒反应活性高，可检测出的 NO_2^- 转化率比较大，反之则相对较小。

（3）纳米 Fe/Cu 双金属颗粒反应活性较高时，如 5.0% 纳米 Fe/Cu 颗粒，溶液中的硝酸盐很快被反应完，但同时约有 30% 的亚硝酸盐残留于溶液中，继续反应可最终被转化为 NH_4^+-N 或 N_2；而当纳米颗粒反应活性相对较低时，如 1.0% 纳米 Fe/Cu 颗粒，硝酸盐与中间副产物可同

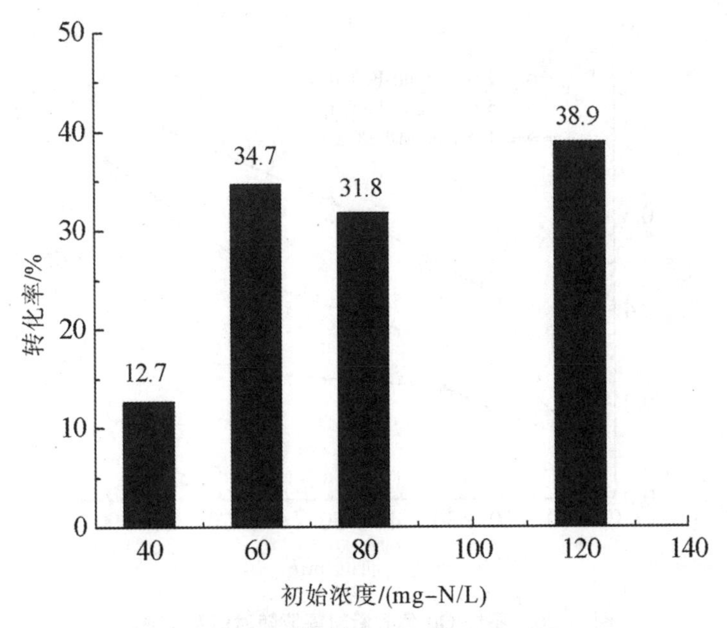

图 5-19　不同初始浓度时 NO_2^- 转化率的变化

时被去除。

（4）增加硝酸盐溶液初始浓度，有利于提高 NO_2^- 最高转化率的值。

5.2.2 不同实验条件对纳米 Fe/Cu 反应体系中 NH_4^+-N 转化率的影响

不同负载量的纳米 Fe/Cu 颗粒与硝酸盐反应体系中，溶液中产物 NH_4^+-N 浓度随时间变化曲线如图 5-20 所示，C/C_0为不同反应时间溶液中 NH_4^+ 浓度与初始 NO_3^- 浓度的比值，Cu 负载量对氨氮最终转化率的影响如图 5-21 所示。由分析结果可以看出，NH_4^+-N 浓度随反应的进行呈单调递增趋势，纳米颗粒反应活性高时，NH_4^+-N 具有较快的生成速率；改变 Cu 催化剂负载量的大小，对改善最终产物选择性的影响不大，其 NH_4^+-N 生成率在 79.4%～82.0%之间。

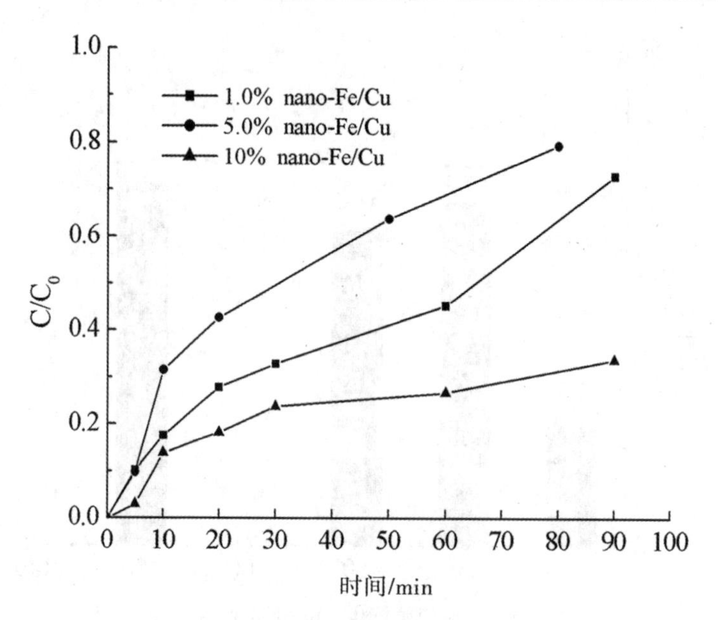

图 5-20　不同 Cu 负载量时氨氮随时间变化曲线

（NO_3^-：80mg-N/L；nano-Fe/Cu 以 Fe 计 1.5g/L）

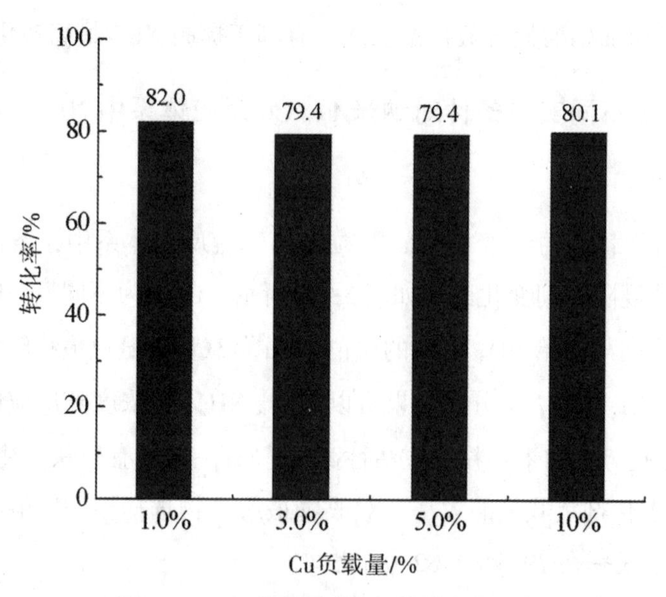

图 5-21　Cu 负载量对氨氮转化率的影响

改变硝酸盐初始浓度，反应过程中 NH_4^+-N 浓度随时间变化趋势如图 5-22 所示，不同条件下，纳米 Fe/Cu 双金属材料还原硝酸盐最终氨氮转化率如图 5-23 所示，由分析结果可以看出，随硝酸盐还原反应进行，NH_4^+-N 浓度逐渐升高，硝酸盐初始浓度的变化对产物选择性的改变很小，当初始浓度在 40 ~ 120mg-N/L 范围时，其 NH_4^+-N 转化率在 79.4%～82.8%之间。

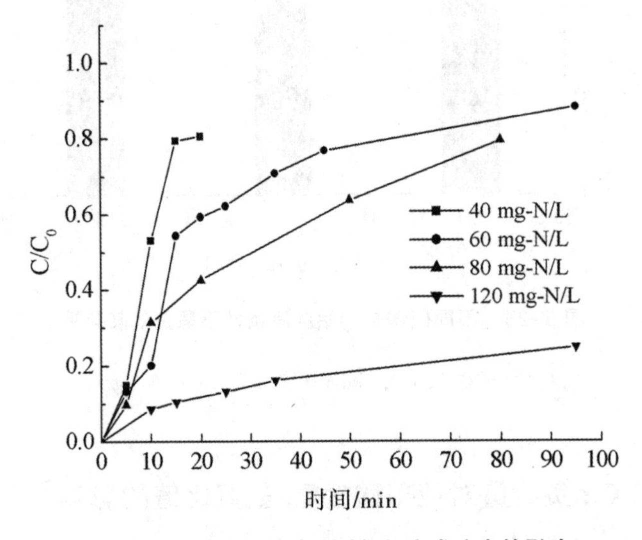

图 5-22　NO_3^- 初始浓度对氨氮生成速率的影响

根据以上分析结果可得出以下结论：

（1）不同反应条件下应用纳米 Fe/Cu 双金属颗粒去除硝酸盐污染物，氨氮生成率随时间呈单调升高的趋势，最终氨氮转化率在 79.4%～82.8%范围内。

（2）改变催化剂金属负载量和硝酸盐溶液的初始浓度对氨氮生成量影响不大，因此对改善产物选择性的贡献也很小。

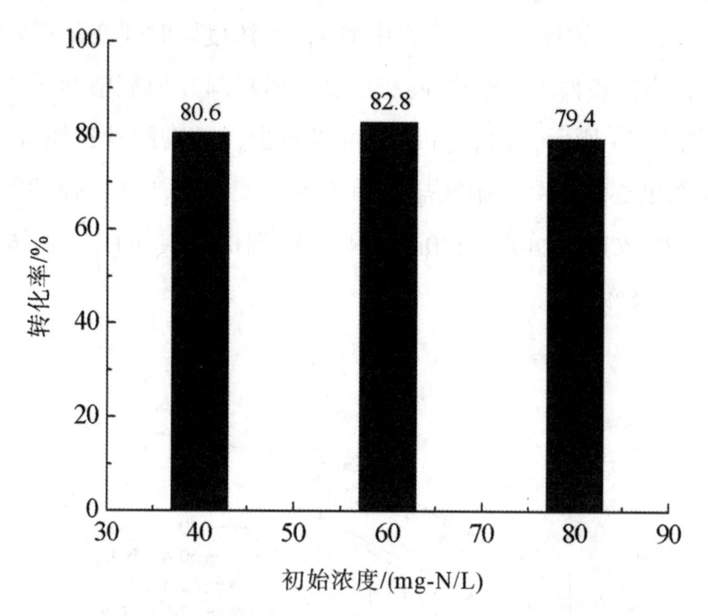

图 5-23　不同硝酸盐初始浓度条件下氨氮的转化率

（Cu 负载量 5.0%；nano-Fe/Cu 以 Fe 计 1.5g/L）

5.2.3 Cu 负载量对亚硝酸盐氮/氨氮比值的影响

Cu 负载量对亚硝酸盐氮/氨氮比值具有较大影响，由实验结果可知，当 Fe/N 为 10，Cu 负载量为 3.0% 时，亚硝酸盐氮/氨氮在 15min 时为 1.07，而 Cu 负载量为 5.0%，亚硝酸盐氮/氨氮在 15min 时为 0.88，可为厌氧氨氧化/反硝化耦合反应提供反应底物。

当 Fe/N 为 19，Cu 负载量为 5.0% 时，亚硝酸盐氮/氨氮在 5min 时为 0.80，而 Cu 负载量为 8.0%，亚硝酸盐氮/氨氮在 5min 时为 0.88，可为厌氧氨氧化/反硝化耦合反应提供反应底物。

不同反应条件下，亚硝酸盐氮/氨氮比值在 1 ～ 1.3 时的反应时间范围见表 5-2。

表5-2　不同反应条件下，亚硝酸盐氮/氨氮比值在1～1.3时的反应时间范围

	Fe/N=10		Fe/N=19	
亚硝酸盐氮/氨氮比值在1～1.3时的反应时间范围	Cu负载量为3.0%	Cu负载量为5.0%	Cu负载量为5.0%	Cu负载量为8.0%
	0～15min	5～15min	0～5min	0～5min

5.2.4 纳米Fe/Cu还原硝酸盐后溶液中离子浓度分析

将Fe/N为19，Cu负载量为5.0%的纳米Fe/Cu与150mL，80mg/L的NO_3^--N溶液反应后的溶液用AES-ICP进行分析，反应后溶液中Fe^{2+}浓度为0.435mg/L，Cu^{2+}浓度为0.195mg/L。从分析结果来看，反应后溶液中的离子浓度均较少，所以不会造成二次污染，符合绿色化学的要求。

铁元素属于微生物必需的矿物营养元素之一。但如果进水池中含有过量的铁化合物，也会造成生化池活性污泥中毒，表现为絮体微细、颜色异常、沉降困难。一般认为铁离子小于10mg/L时不会造成污泥中毒。溶液中Fe^{2+}浓度较低，不会对微生物产生影响，可为厌氧氨氧化/反硝化耦合反应做准备。

5.2.5 纳米Fe/Cu还原硝酸盐污染物的反应历程

纳米Fe/Cu在去除硝酸盐过程中，可检测出NO_2^-最大转化率可达40%，明显高于纳米Fe/Ni反应过程中2.2%～8.6%的NO_2^-转化率，且对于Fe/Ni纳米双金属材料，反应物NO_3^-与NO_2^-可同时被纳米颗粒还原完全。而与Fe/Ni纳米颗粒反应不同的是，当纳米Fe/Cu反应活性比较高，硝酸盐去除速率较快时，即使硝酸盐被反应完全，仍有大量NO_2^-残留于溶液中，充分证明Fe/Cu还原硝酸盐为连续的分步反应，

其反应历程与纳米 Fe/Ni 相似，即硝酸盐还原需经历两个步骤：

$$NO_3^- \rightarrow NO_2^- \rightarrow NH_4^+$$

纳米 Fe/Cu 与硝酸盐反应的示意图如图 5-24 所示，硝酸盐首先被吸附于纳米 Fe/Cu 颗粒表面，然后在反应活性位被快速还原为 NO_2^-，并被释放到溶液中，在吸附、解吸作用下往返于溶液和纳米颗粒表面之间，直至被进一步还原为 NH_4^+ 和 N_2。应用这两种纳米材料去除硝酸盐也存在不同的地方，在纳米 Fe/Cu 双金属反应体系中，由 NO_3^- 到 NO_2^- 的转变为快速反应，而由 NO_2^- 转化为 NH_4^+ 的过程则比较缓慢。反应过程中，与纳米 Fe/Ni 颗粒相比，用纳米 Fe/Cu 颗粒还原硝酸盐，造成溶液中大量 NO_2^- 积累的原因主要有两方面：

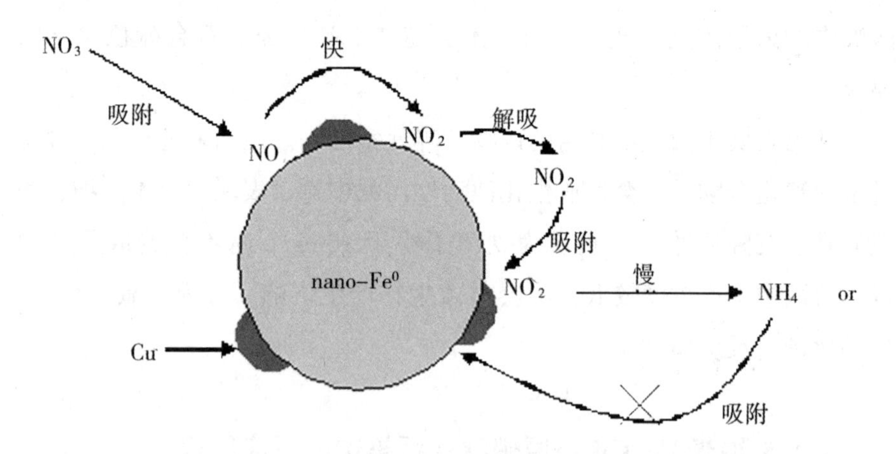

图 5-24　纳米 Fe/Cu 双金属颗粒还原硝酸盐反应机理示意图

（1）Cu 催化剂的引入提高了硝酸盐的去除速率，同时明显增加了对亚硝酸盐的选择性，因此在纳米 Fe/Cu 反应体系中，NO_2^- 具有较快的生成速率。

（2）纳米 Fe/Cu 表面对 NO_2^- 吸附能力相对较差，因此由 NO_2^- 转化为 NH_4^+ 的反应进行比较缓慢；当纳米 Fe/Cu 对硝酸盐的反应活性较低时，虽然减小了 NO_2^- 的生成速率，但由于 Cu 催化剂对 NO_2^- 的选择性大于 Ni，所以在纳米 Fe/Cu 系双金属材料反应过程中，其 NO_2^- 最高转化率普遍高于纳米 Fe/Ni 颗粒类型的反应。

5.3 Fe/Pd 和 Fe/Pd/Cu 纳米复合材料还原硝酸盐产物初探及不同纳米颗粒的比较

5.3.1 纳米 Fe/Pd 和 Fe/Pd/Cu 复合材料还原硝酸盐产物的初步探讨

应用金属 Pd 与 Pd/Cu 催化剂催化还原硝酸盐污染物已得到广泛研究，而且获得了较好的效果，对 N_2表现出了较好的选择性。实验合成了纳米 Fe/Pd 和 Fe/Pd/Cu 复合材料并应用于硝酸盐的去除，在一定程度上提高了 Fe^0对硝酸盐的反应活性，同时对其还原产物进行了初步分析，0.5% Fe/Pd、0.5% Fe/Pd/Cu 和 1.0% Fe/Pd/Cu 纳米颗粒与硝酸盐反应过程中，亚硝酸盐和氨氮转化率变化趋势分别如图 5-25 和图 5-26 所示，其中 C/C_0为不同反应时间溶液中 NO_2^- 或 NH_4^+ 浓度与初始 NO_3^- 浓度的比值。

由图 5-25 可以看出，在 0.5% Fe/Pd 反应体系中，可检测出的最大 NO_2^- 转化率为 2.0%，而在 0.5% Fe/Pd/Cu 体系中，0.5% Fe/Pd 最高转化率为 6.9%，1.0% Fe/Pd/Cu 则为 2.5%，其对亚硝酸盐的选择性明显小于纳米 Fe/Cu 反应体系；从图5-26可以看出，在三种反应体系中，氨氮浓度随还原反应的进行逐渐升高，且 1.0% Fe/Pd/Cu 具有相对较高的氨氮转化速率，其次为 0.5% Fe/Pd/Cu，且 0.5% Fe/Pd 反应体系中氨氮生成速率相对较慢。

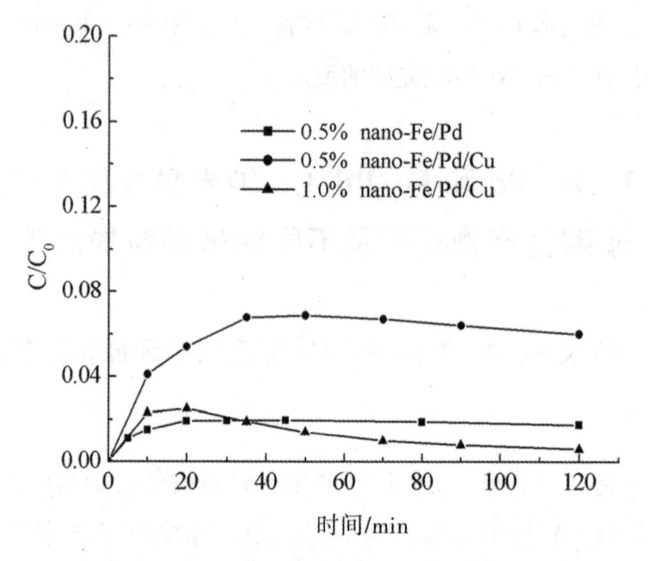

图 5-25　不同纳米材料对亚硝酸盐浓度变化的影响

（NO_3^-：80mg-N/L；nano-Fe/Cu 以 Fe 计 1.5g/L）

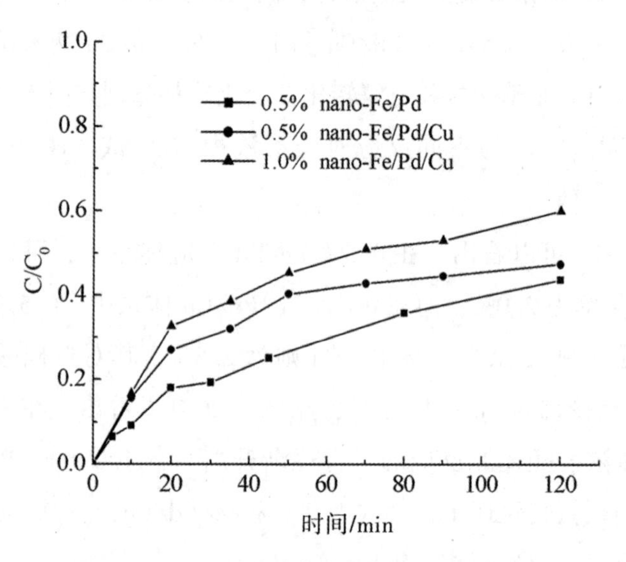

图 5-26　不同纳米材料对氨氮浓度变化的影响

（NO_3^-：80mg-N/L；nano-Fe/Cu 以 Fe 计 1.5g/L）

5.3.2 不同纳米材料还原硝酸盐产物的比较

实验中分别合成了纳米 Fe/Ni、Fe/Cu、Fe/Pd 和纳米 Fe/Pd/Cu 四种不同类型复合材料，并应用于水中硝酸盐污染物的去除，实验结果表明，与纳米 Fe^0相比，不同类型的纳米材料对硝酸盐去除速率具有不同程度的促进作用，反应条件对纳米颗粒反应活性和产物选择性的影响在文章中已经进行了具体分析，现将各种纳米材料对硝酸盐还原产物选择性对比总结如图 5-27 所示。

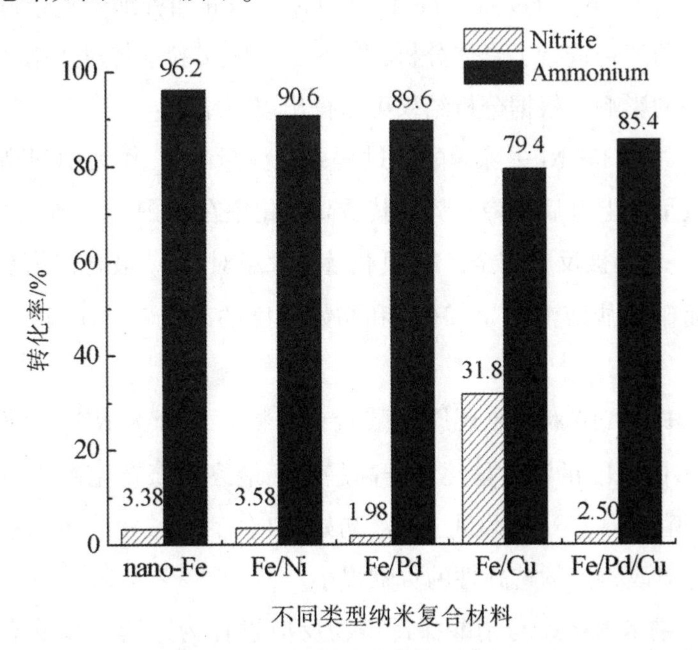

图 5-27　不同类型纳米复合材料对硝酸盐还原产物选择性的比较

由图 5-27 可以看出，在纳米 Fe^0、5.0% Fe/Ni、5.0% Fe/Cu、0.5% Fe/Pd 和 1.0% Fe/Pd/Cu 与硝酸盐的反应体系中，以 5.0% Fe/Cu 对中间产物 NO_2^- 的选择性最大，反应过程中检测的 NO_2^- 最高转化率可达 31.8%，其他类型纳米复合材料 NO_2^- 最高转化率差别很小，均在 1.98%～3.58%之间，明显低于纳米 Fe/Cu 对亚硝酸盐的选择性。

在实验考查的几种纳米复合材料中，以纳米 Fe^0 对氨氮的选择性最高，有约 96.2% 的硝酸盐被转化为了氨氮，其次分别是 5.0% Fe/Ni、0.5% Fe/Pd、1.0% Fe/Pd/Cu，但这几种纳米颗粒对氨氮选择性差别比较小，相差约 5%；在实验中 5.0% 的纳米 Fe/Cu 对氨氮选择性表现最小，其最终氨氮转化率为 79.4%，其余部分硝酸盐可能被转化为了 N_2。

5.4 本章小结

本章对 Fe/Ni、Fe/Cu、Fe/Pd 及 Fe/Pd/Cu 四种纳米复合材料与硝酸盐反应的产物进行了具体分析，比较了不同实验条件对亚硝酸盐和氨氮转化率的影响，根据分析结果可以得出以下结论：

（1）纳米 Fe/Ni 去除硝酸盐过程中有少量 NO_2^- 作为中间副产物被检出，且呈先上升后下降趋势，其最高转化率在 2.2%～8.6% 之间，最后与 NO_3^- 一起被反应完全；Ni 负载量的大小对 NO_2^- 最高转化率有一定影响，而硝酸盐溶液初始 pH 值和初始浓度的改变对 NO_2^- 转化率影响较小。

（2）Fe/Ni 纳米颗粒还原硝酸盐，产物大部分为 NH_4^+，随反应进行，溶液中 NH_4^+ 的浓度呈逐渐升高趋势，最终氨氮转化率均在 84.6%～90.6% 范围内，Ni 负载量、溶液初始 pH 值、硝酸盐溶液初始浓度等反应条件对改善产物选择性的贡献很小。

（3）纳米 Fe/Ni 与硝酸盐污染物反应过程为连续分步反应，经历 $NO_3^- \rightarrow NO_2^- \rightarrow NH_4^+$ 两个转化步骤，且由硝酸盐还原为 NO_2^- 的步骤具有较慢的反应速率，为速度控制步骤，而由 NO_2^- 转化为 NH_4^+ 的反应进行的较快；反应中总氮呈先降低后升高的趋势，证明氧化还原过程与离子在纳米颗粒表面的吸附、解吸作用并存。

（4）纳米 Fe/Cu 与硝酸盐反应体系中，Cu 负载量对可检出的 NO_2^- 最高转化率具有一定的影响，且与对还原硝酸盐反应活性的影响一致；

反应活性高的纳米 Fe/Cu 颗粒，快速去除硝酸盐后，约 30% 的 NO_3^- 被转化为 NO_2^- 残留于溶液中，继续反应可最终被转化为 NH_4^+ 或 N_2；而对于活性较低的纳米颗粒，可将 NO_3^- 和 NO_2^- 同时反应完全；增加硝酸盐溶液初始浓度，有利于提高 NO_2^- 的最高转化率。

（5）不同反应条件下应用纳米 Fe/Cu 双金属颗粒去除 NO_3^-，最终 NH_4^+ 转化率在 79.4%～82.8% 范围内；改变催化剂金属负载量和 NO_3^- 初始浓度，对产物选择性影响不大。

（6）Fe/Cu 纳米复合材料与纳米 Fe/Ni 具有相似的反应历程，但 Cu 的引入加速了 $NO_3^- \rightarrow NO_2^-$ 的反应速率，而反应中 $NO_2^- \rightarrow NH_4^+$ 的转化反应速率较小。

（7）对比纳米 Fe^0、5.0% Fe/Ni、5.0% Fe/Cu、0.5% Fe/Pd 和 1.0% Fe/Pd/Cu 不同纳米材料还原 NO_3^- 的反应产物，以纳米 Fe/Cu 对中间产物 NO_2^- 的选择性最大，最高转化率为 31.8%，且其对氨氮选择性最小，有约 79.4% 的 NO_3^- 被转化为 NH_4^+，其余部分可能转化为 N_2。

第6章

海藻酸钠/明胶包覆纳米零价铁去除重金属污染物的研究

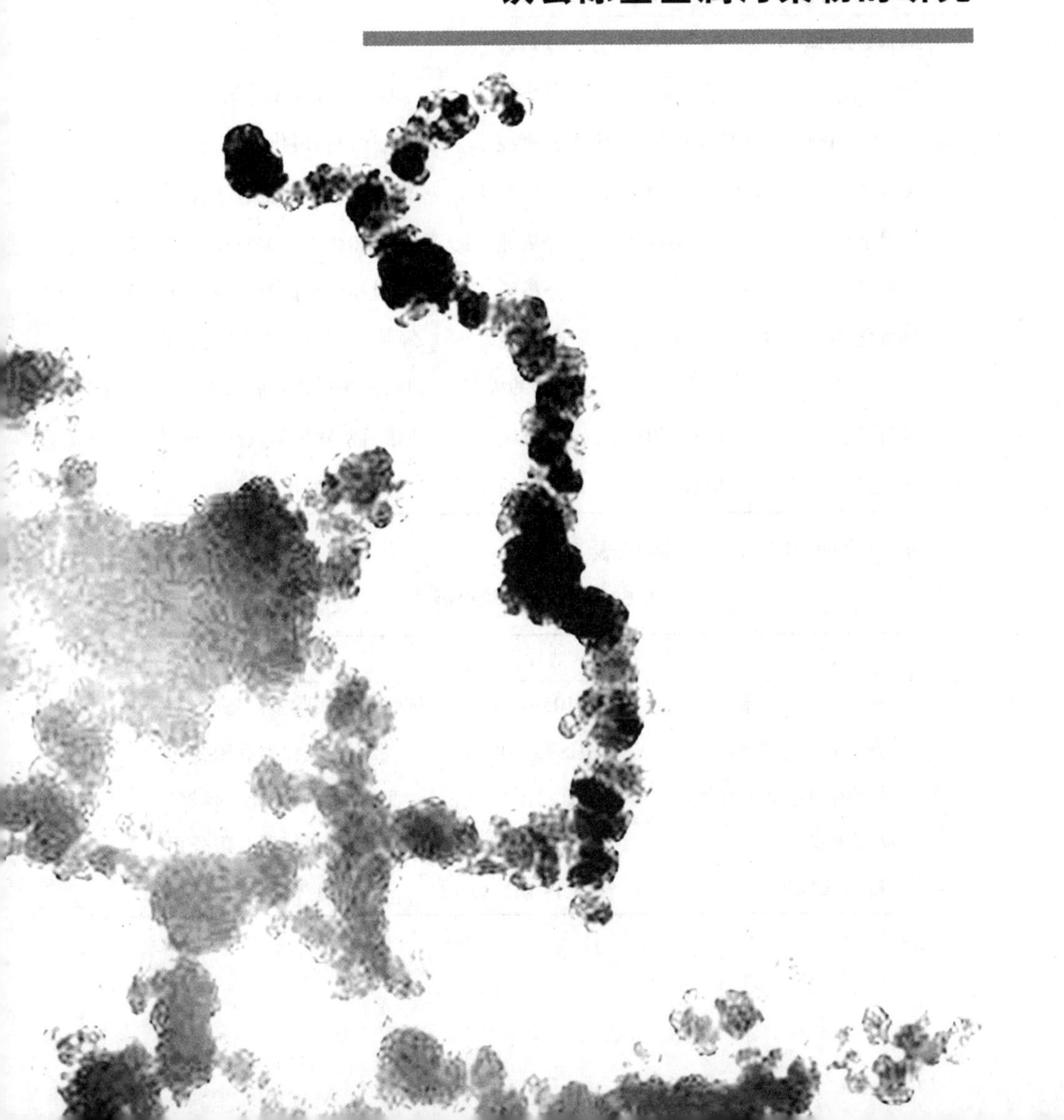

6.1 实验材料与方法

6.1.1 实验材料与设备

本实验所用的主要试剂见表6-1。

表6-1 主要试剂

药品名称	分子式	规格	产地
七水合硫酸亚铁	$FeSO_4 \cdot 7H_2O$	分析纯	洛阳市化学试剂厂
硼氢化钾	KBH_4	分析纯	天津市福晨化学试剂厂
聚乙二醇-4000	$HO(CH_2CH_2O)_nH$	分析纯	天津市福晨化学试剂厂
无水乙醇	CH_3CH_2OH	分析纯	烟台市双双化工有限公司
海藻酸钠	$(C_6H_7NaO_6)_n$	分析纯	天津市风船化学试剂科技有限公司
明胶		分析纯	天津市风船化学试剂科技有限公司
氢氧化钠	NaOH	分析纯	莱阳市双双化工有限公司
高纯氮气	N_2	99.999%	河南源正科技发展有限公司
氯化镉	$CdCl_2 \cdot 5/2H_2O$	分析纯	天津市科密欧化学试剂有限公司
硝酸铅	$Pb(NO_3)_2$	分析纯	郑州汰尼化学试剂厂

本实验所用的主要仪器见表6-2。

表6-2 主要实验仪器

设备名称	型号	产地
真空气体分配器	Y0105-450	杭州旷维实验室设备有限公司
电热式恒温水浴锅	HHS-21-8	常州诺基仪器有限公司
数显精密增力电动搅拌器	JJ-1A	江苏金坛城东光芒仪器厂
循环水式真空泵	SH2-D（Ⅲ）	北京凯亚仪器有限公司
微机差热天平	HCT-1/2	北京恒久科学仪器厂

续表

设备名称	型号	产地
超声波清洗机	SYU-7-200D	郑州生元仪器有限公司
电热鼓风干燥箱	XCA-80001	北京恒久科学仪器厂
扫描电子显微镜	Sirion200	荷兰 FEI 公司
原子吸收光谱仪	NovAA400	德国耶拿公司

6.1.2 纳米零价铁的制备

纳米零价铁采用液相合成法进行制备。将一定量 $FeSO_4 \cdot 7H_2O$ 溶于醇/水体系中，以 PEG-4000 为分散剂，在高纯氮气保护下以 2000rpm 的速度进行快速搅拌，同时缓慢滴加还原剂 KBH_4溶液。

将生成的纳米零价铁颗粒分离并用脱氧水和无水乙醇洗涤数次，无氧乙醇液封备用。

6.1.3 SA/Gel 凝胶球及包覆纳米零价铁的制备

取一定浓度的明胶溶液与海藻酸钠溶液于 55℃ 水浴条件下搅拌混合，超声脱泡 10min 后，将混合液匀速逐滴加入到 4.0% $CaCl_2$溶液中，磁力搅拌下交联反应 30min，过滤后倒入新配制的 4.0% $CaCl_2$溶液中硬化保存，可得均匀透明 SA/Gel 凝胶球。

将新鲜制备的纳米零价铁颗粒与 SA、Gel 溶液混合，超声分散 15min 后，磁力搅拌条件下逐滴加入 4% $CaCl_2$溶液进行交联反应，最终得黑色 SA/Gel 包覆纳米零价铁凝胶球。

6.1.4 重金属离子去除实验及检测方法

Fe^0与重金属离子摩尔比为 0.3，取包覆 30mg（Pb^{2+}去除反应为

70mg）纳米零价铁的 SA/Gel 凝胶球，室温（25℃）及氮气氛围条件下，与 200mL 100mg/L 的 Cd^{2+}（500mg/LPb^{2+}）溶液于 250rpm 振荡条件下进行反应，间隔一定时间，取定量反应液经 0.45μm 膜过滤，采用 NovAA400 型原子吸收光谱仪对溶液中的 Cd^{2+}（Pb^{2+}）浓度进行检测。反应溶液 pH 值为 7.0。

6.2 结果与讨论

6.2.1 热重-差热分析

采用 HCT-112 型(北京恒久科学仪器厂)微机差热天平对包覆纳米零价铁凝胶球进行了热重及差热分析(TG-DTA)。测定温度范围 25～600℃；升温速率为 10℃/min；保温时间 10min。分析结果如图 6-1 所示。

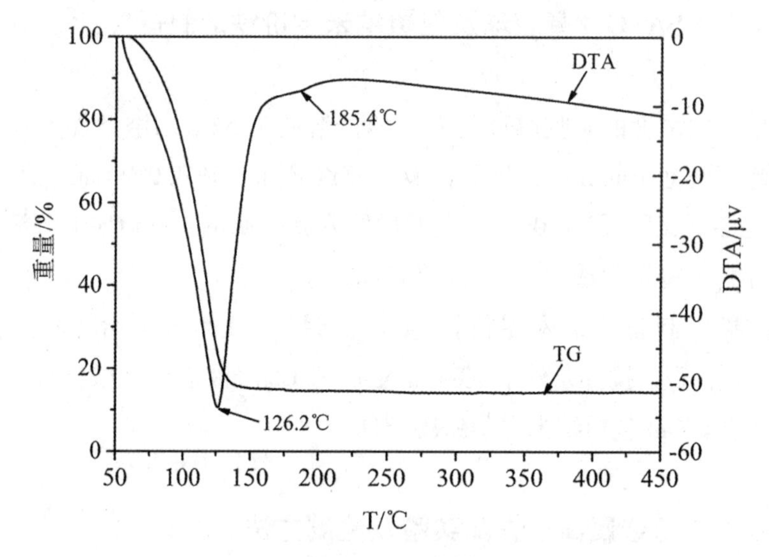

图 6-1　SA/Gel 包覆纳米 Fe^0 TG-DTA 分析曲线

由 TG 曲线可知，由于凝胶球含水率较高，反应开始一直处于失重状态，144.3℃之前失重速率很快，温度升至150℃后，其失重率达到84.88%，之后随温度变化较小。由DTA曲线可以看出，包覆纳米Fe^0的SA/Gel凝胶球热反应可分为两个阶段，100℃到185.4℃之间吸热峰为SA/Gel凝胶球热分解阶段，185.4℃之后，出现了较为缓慢的放热阶段，此阶段为包裹纳米Fe^0有机物分解完毕后，Fe^0暴露于空气中氧化放热所致。由此可见，SA/Gel凝胶球在高于100℃条件下可快速分解。

6.2.2 原料配比及交联剂浓度对凝胶球性质的影响

实验考查了不同SA、Gel配比及$CaCl_2$浓度对凝胶球性能的影响，结果见表6-3。

表6-3　原料配比及交联剂浓度对凝胶球性质的影响

序号	SA浓度	Gel浓度	$CaCl_2$浓度	成球性能	机械强度
1	1.0%	1.0%	4.0%	不能交联成球	---
2	1.0%	2.0%	4.0%	不能交联成球	---
3	1.0%	2.0%	7.0%	不能交联成球	---
4	1.5%	0.2%	4.0%	较差，出现拖尾现象	高
5	1.5%	0.5%	4.0%	好	高
6	1.5%	1.0%	4.0%	好	高
7	1.5%	1.0%	7.0%	好	高
8	1.8%	0.3%	4.0%	很差，出现明显拖尾现象	高
9	1.8%	1.0%	4.0%	较好	较高
10	2.0%	0.5%	4.0%	很差，出现明显拖尾现象	高
11	2.0%	1.5%	4.0%	好	高

实验结果表明，当SA浓度为1.0%时，改变Gel与交联剂浓度，均不能交联成凝胶球。当SA浓度大于1.5%，且Gel浓度较低时，生成的凝胶球均具有较高的机械强度，但其成球性能较差，出现拖尾现象，且SA浓度越大，拖尾现象越严重。若同时提高Gel浓度，可改善凝胶球

的成球性能，并保持较高的机械强度。提高交联剂浓度，对凝胶球机械性能没有明显影响。综合以上结果，选择以 4.0% $CaCl_2$ 为交联剂，以 SA 浓度分别为 1.5%、1.5%、2.0%，对应 Gel 浓度分别为 0.5%、1.0%、1.5% 的配比对纳米 Fe^0 进行交联包覆。

6.2.3 原料配比对纳米 Fe^0 性能的影响

考查 SA、Gel 浓度分别为 1.5%、0.5%，1.5%、1.0%，2.0%、1.5% 时，交联包覆纳米 Fe^0 的反应活性，其中 Cd^{2+} 去除实验中将不同配比的包覆纳米 Fe^0 依次记为 A1、A2、A3，纳米 Fe^0 包覆量为 30mg，实验结果如图 6-2 所示；Pb^{2+} 去除反应中依次记为 B1、B2、B3，纳米 Fe^0 包覆量为 70mg，实验结果如图 6-3 所示。

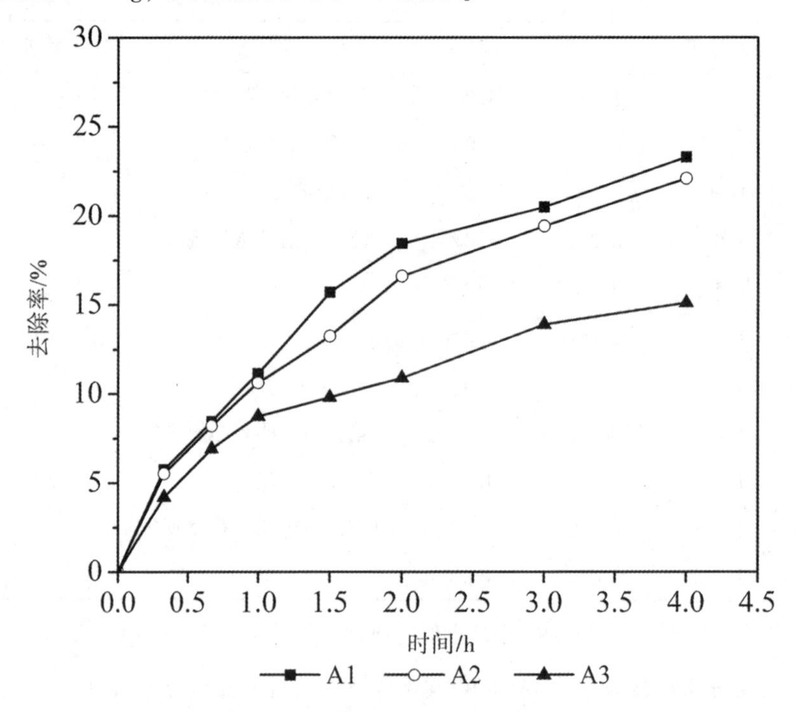

图 6-2 原料配比对包覆纳米 Fe^0 去除 Cd^{2+} 性能的影响

由图 6-2 可以看出，Cd^{2+} 浓度为 100mg/L 时，A1、A2 相对于 A3

对 Cd^{2+}具有较高的去除率，反应 4h 去除率分别为 23. 3%、22. 1% 和 15. 1%，静置 24h 后，Cd^{2+}去除率可分别达到 57. 9%、55. 2%、30. 6%。由此可知，在考查的交联包覆纳米 Fe^0中，A1 反应活性最高，A3 相对较低，A2 与 A1 反应活性相近，但 A1 在制备中原料用量较少，成本相对较低。

由图 6-3 可以看出，反应进行 5h，B1、B2、B3 对 Pb^{2+}的去除率分别达到 95. 3%、92. 4%、85. 8%，三种配比包覆的纳米 Fe^0对 Pb^{2+}均表现出了较高的反应活性，去除效果明显高于 Cd^{2+}。与 Cd^{2+}反应相同，当 SA、Gel 浓度分别为 1. 5%、0. 5% 时，交联包覆纳米 Fe^0的反应活性相对最高。增加 SA、Gel 用量均可导致去除效果的降低。

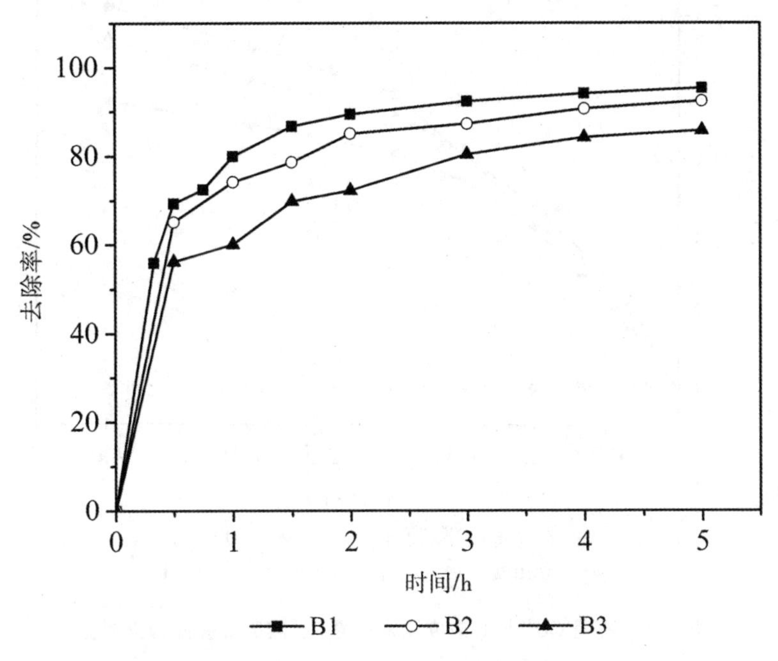

图 6-3　原料配比对包覆纳米 Fe^0去除 Pb^{2+}性能的影响

6. 2. 4 Fe^0投加剂量对重金属去除效果的影响

采用 1. 5% SA、0. 5% Gel 配比对 30mg、70mg 新鲜制备纳米 Fe^0交联

包覆，并分别用于 Cd^{2+}、Pb^{2+}的去除。改变重金属离子初始浓度，考查不同 Fe/Cd、Fe/Pb 投加比对去除效果的影响，同时与未包覆 Fe^0凝胶球进行对比实验，实验结果如图 6-4、图 6-5 所示。

由图 6-4 可知，当 Cd^{2+}浓度为 200mg/L、100mg/L、50mg/L，即 Fe/Cd 摩尔比分别为 1.5、3.0、6.0 时，反应 4h，Cd^{2+}去除率分别为 19.1%、23.3%、25.5%，随着摩尔比的增加，Cd^{2+}去除率有所增加，但幅度较小，摩尔比增大 3 倍时，去除率仅提高 6.4%。未包覆 Fe^0的凝胶球与 100mg/LCd^{2+}基本没有发生反应，证明 Cd^{2+}主要为 Fe^0吸附去除。

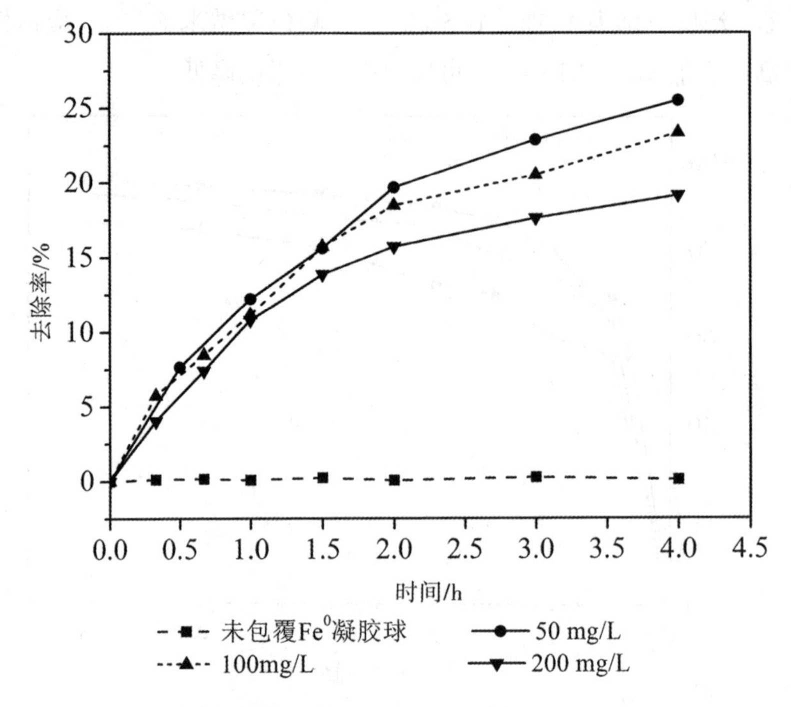

图 6-4　不同 Cd^{2+}初始浓度及未包覆 Fe^0凝胶球去除效果对比

由图 6-5 可知，当 Pb^{2+}浓度为 500mg/L、300mg/L、200mg/L，即 Fe/Pb 摩尔比分别为 2.6、4.3、6.5 时，反应速率没有明显差别，反应 0.5h，去除率基本都可达到 70%，5h 后，200mg/LPb^{2+}去除率达到 100%，300mg/L 去除率 97.3%。与 Cd^{2+}反应不同的是，未包覆 Fe^0的凝胶球对 Pb^{2+}具有较高的吸附率，振荡反应 1h，其吸附率达到 55.8%，且随时间变化，吸附率基本不再改变，表明凝胶球已达到吸附平衡状态。因此，SA/Gel 交联包覆纳米 Fe^0 对 Pb^{2+} 的去除主要为凝胶球吸附与纳米 Fe^0 还原去除共同作用的结果。4.0% $CaCl_2$ 溶液在 4℃ 条件下保存 1 个月时，其对 Pb^{2+} 的去除率仍可达 83.2%。

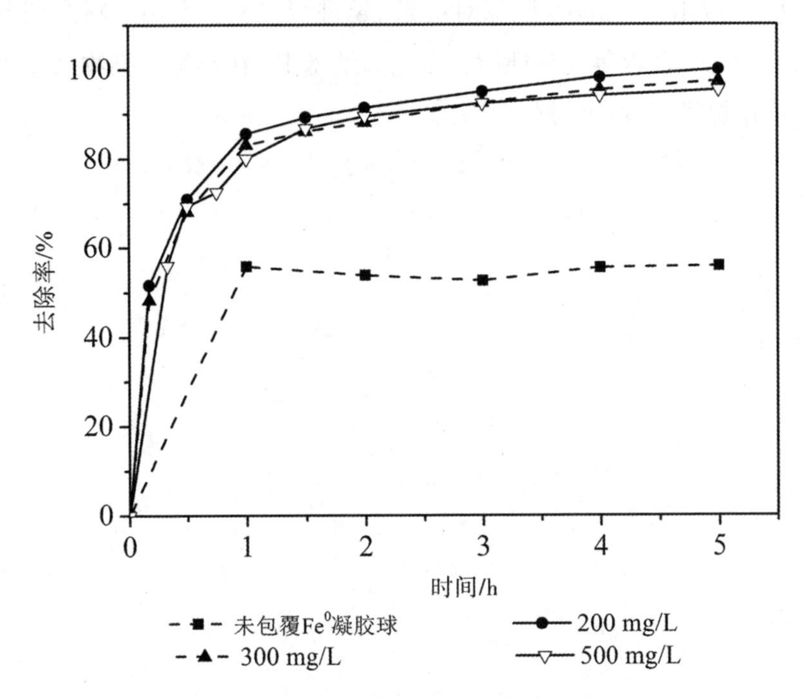

图 6-5　不同 Pb^{2+} 初始浓度及未包覆 Fe^0 凝胶球去除效果对比

6.3　本章小结

（1）以 SA、Gel 为原料，以 $CaCl_2$ 为交联剂，可实现对纳米 Fe^0 的协同包覆，有效避免 Fe^0 快速氧化。Gel 的加入有助于改善凝胶球结构和交联成球性能。

（2）考查交联材料配比的影响，当组成为 1.5% SA、0.5% Gel，$CaCl_2$ 浓度为 4.0% 时，对纳米 Fe^0 具有较好的包覆效果，且在重金属去除中表现反应活性最高。但对比 Cd^{2+}、Pb^{2+}去除反应，包覆 Fe^0凝胶球对 Pb^{2+}的选择性明显高于 Cd^{2+}，初始浓度为 200mg/L 时，反应 5h，Pb^{2+}去除率可达 100%，主要为凝胶球吸附与 Fe^0还原联合作用结果。而凝胶球对 Cd^{2+}选择性较差，主要通过 Fe^0吸附去除。

（3）应用 SA/Gel 凝胶球对纳米 Fe^0进行包覆，所用原料及制备工艺具有安全、环保等优良性能，因此为纳米 Fe^0在环境污染物修复中的实际应用提供了理论依据。

第7章

海藻酸钠/β-环糊精协同包覆纳米零价铁去除重金属污染物的研究

7.1 实验材料与方法

7.1.1 实验材料与设备

本实验用到的主要试剂见表 7-1，所用仪器设备同表 6-2。

表 7-1 主要试剂

药品名称	分子式	规格	产地
β-环糊精	$C_{42}H_{70}O_{35}$	分析纯	天津市科密欧化学试剂有限公司
海藻酸钠	$(C_6H_7NaO_6)_n$	分析纯	天津市风船化学试剂科技有限公司

注：其他试剂见表 6-1。

7.1.2 纳米零价铁的制备

同第 6.1.2 节纳米零价铁制备方法。

7.1.3 海藻酸钠/β-环糊精包覆纳米 Fe^0 凝胶球的制备

分别取一定量 SA 与 β-CD 于 70℃水浴中搅拌溶解，后将 β-CD 溶液缓慢倒入 SA 溶液中冷却脱泡 20min。将新鲜制备的纳米 Fe^0 颗粒与 SA、β-CD 溶液混合，超声分散 20min 后，将混合液匀速逐滴加入到 4.0% $CaCl_2$溶液中，磁力搅拌条件下交联反应 30min，过滤后倒入新配制的 4.0% $CaCl_2$溶液中硬化保存，最终得黑色 SA/β-CD 包覆纳米 Fe^0 凝胶球。

7.1.4 包覆纳米零价铁去除重金属实验方法及检测方法

将纳米 Fe^0 包覆量为 50mg 的 SA/β-CD 凝胶球，于室温（25℃）及氮气氛围条件下，与 200mL 100mg/L 的 Cd^{2+}（500mg/L Pb^{2+}）溶液于 250rpm 振荡条件下进行反应，间隔一定时间取定量反应液经 0.45μm 膜过滤，采用 NovAA400 型原子吸收光谱仪对溶液中的 Cd^{2+}（Pb^{2+}）浓度进行检测。反应溶液 pH 值为 7.0。

7.2　结果与讨论

7.2.1 原料配比及交联剂浓度对凝胶球性质的影响

实验考查了不同 SA、β-CD 配比及 $CaCl_2$ 浓度对凝胶球性能的影响，结果见表 7-2。

实验结果表明，β-CD 的加入可有效改善 SA 凝胶球性能，且当 SA/β-CD 浓度比为 1.5～3.0 之间时，凝胶球具有较好的成球性能和机械强度，即具有较好的包覆性能。降低 β-CD 比例，凝胶球成球性能下降，出现拖尾现象，且生成的球体较脆，凝胶球机械强度降低；β-CD 比例过高，SA 含量相对较少，将导致凝胶球交联度降低，单独提高 $CaCl_2$ 交联剂浓度，对凝胶球性能影响较小。综合以上结果，选择以 4.0% $CaCl_2$ 为交联剂，以 SA 浓度分别为 2.0%、1.5%、1.5%，对应 β-CD 浓度分别为 1.0%、0.5%、1.0% 的配比对纳米 Fe^0 进行交联包覆。

表 7-2　原料配比及交联剂浓度对凝胶球性质的影响

序号	SA 浓度	β-CD 浓度	$CaCl_2$浓度	成球性能	机械强度
1	2.0%	-	4.0%	很差，出现明显拖尾现象	低
2	2.0%	0.5%	4.0%	存在拖尾现象	较高
3	2.0%	1.0%	4.0%	好	高
4	2.0%	1.5%	4.0%	较好	较高
5	2.0%	1.5%	6.0%	较好	较高
6	2.0%	2.0%	4.0%	交联度较低，成球性较差	低
7	1.5%	0.5%	4.0%	好	高
8	1.5%	1.0%	4.0%	好	高
9	1.5%	1.5%	4.0%	交联度较低，成球性较差	低
10	1.5%	1.5%	6.0%	交联度较低	较低

7.2.2 原料配比对纳米 Fe^0性能的影响

考查纳米 Fe^0包覆量为 50mg 时，SA、β-CD 浓度分别为 2.0%、1.0%、1.5%、0.5%、1.5%、1.0%时，交联包覆纳米 Fe^0的反应活性，其中 Cd^{2+}去除实验中将不同配比的包覆纳米 Fe^0依次记为 A1、A2、A3，实验结果如图 7-1 所示；Pb^{2+}去除反应中依次记为 B1、B2、B3，实验结果如图 7-2 所示。

由图 7-1 可以看出，Cd^{2+}浓度为 100mg/L 时，反应 8h 后 A1、A2、A3 对 Cd^{2+}去除率分别为 26.3%、44.4% 和 33.7%。在考查的交联包覆纳米 Fe^0中，A2 原料用量最少，成本较低，反应活性最高，A1 原料用量较多，反应活性反而最低。因此，选择 SA、β-CD 浓度分别为 1.5%、0.5%对纳米 Fe^0进行包覆，可获得相对较高的反应活性，增加

SA 用量会使交联度上升，增加离子扩散阻力，从而降低反应速率，β-CD 的增加可能会降低凝胶球的亲水性，影响去除效率，具体反应机理有待进一步探讨。

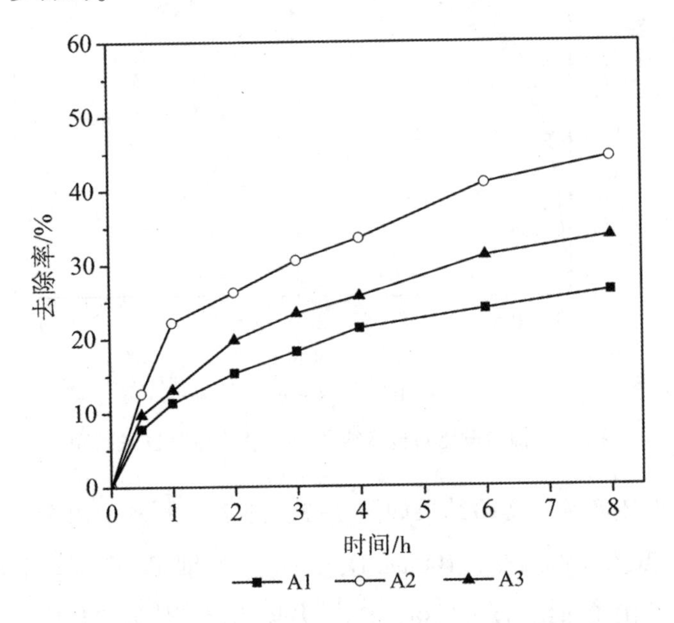

图 7-1　原料配比对包覆纳米 Fe^0 去除 Cd^{2+} 性能的影响

由图 7-2 可以看出，反应进行到 4h 时，B1、B2、B3 对 Pb^{2+} 的去除率分别达到 93.4%、96.7%、94.8%，三种配比包覆的纳米 Fe^0 对 Pb^{2+} 均表现出了较高的反应活性，去除效果明显高于 Cd^{2+}。与 Cd^{2+} 反应相同，当 SA、β-CD 浓度分别为 1.5%、0.5% 时，交联包覆纳米 Fe^0 的反应活性相对最高。

7.2.3 重金属离子初始浓度的影响

采用 1.5%SA、0.5%β-CD 配比对 50mg 新鲜制备的纳米 Fe^0 交联包覆，并将其应用于 Cd^{2+}、Pb^{2+} 的去除中。改变重金属离子初始浓度，考查不同 Fe/Cd、Fe/Pb 投加比对去除效果的影响，同时与未包覆 Fe^0 凝

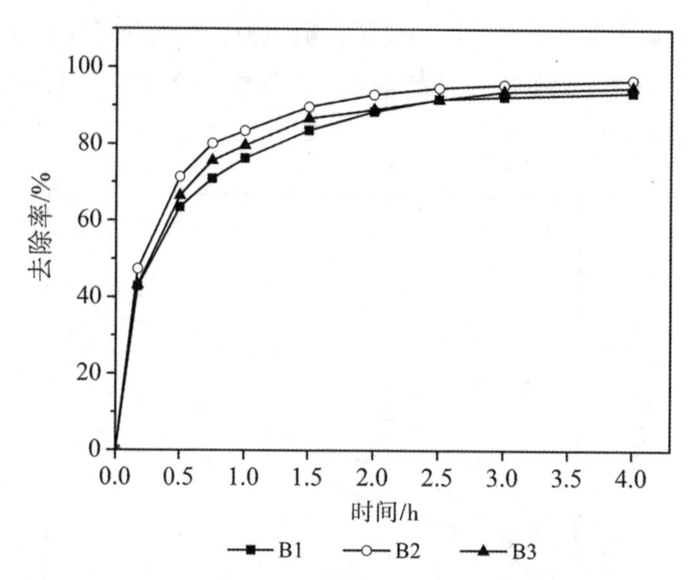

图 7-2 原料配比对包覆纳米 Fe^0去除 Pb^{2+}性能的影响

胶球进行对比实验，实验结果如图 7-3、图 7-4 所示。由图 7-3 可知，当 Cd^{2+}浓度为 150mg/L、100mg/L、50mg/L，即 Fe/Cd 摩尔比分别为 3.3、5.0、10.0 时，反应 8h，Cd^{2+}去除率分别为 34.1%、44.4%、46.7%，随着摩尔比的增加，Cd^{2+}去除率有所增加，但增加幅度逐渐减小，摩尔比由 5.0 提高到 10.0 时，去除率仅提高了 2.3%。未包覆 Fe^0的凝胶球与 100mg/LCd^{2+}基本没有发生反应，因此 Cd^{2+}主要与 Fe^0发生反应，通过 Fe^0吸附或与 Fe^0表面形成复合物而将其去除。

由图 7-4 可知，当 Pb^{2+}浓度为 500mg/L、300mg/L、200mg/L，即 Fe/Pb 摩尔比分别为 1.9、3.1、4.6 时，反应速率没有明显差别，反应 1h，去除率均达到 80%以上，4h 后，200mg/L Pb^{2+}去除率达到 99.3%，300mg/L Pb^{2+}去除率 98.8%。与 Cd^{2+}反应不同的是未包覆 Fe^0的凝胶球对 Pb^{2+}具有较高的吸附率，振荡反应 1h，其吸附率为 75.3%，反应 4h 时，吸附过程基本达到平衡，吸附率达到 85.2%。因此，SA/β-CD 交联包覆纳米 Fe^0对 Pb^{2+}的去除主要为凝胶球吸附与纳米 Fe^0共同作用的结果，而纳米 Fe^0主要通过还原与吸附作用与 Pb^{2+}发生反应。

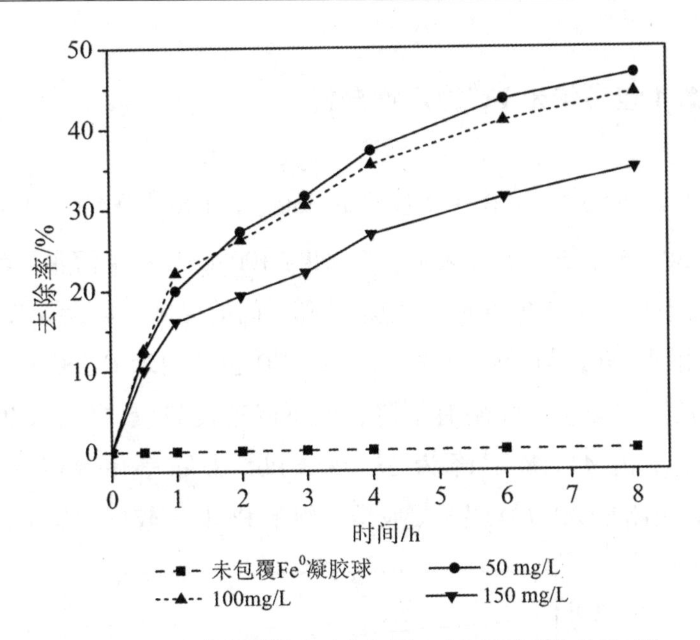

图 7-3　不同 Cd^{2+} 初始浓度及未包覆 Fe^{0} 凝胶球去除效果对比

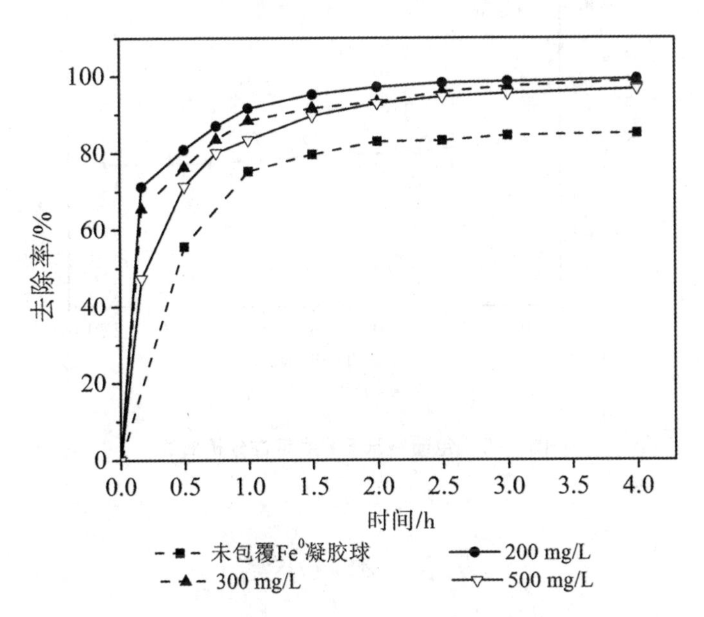

图 7-4　不同 Pb^{2+} 初始浓度及未包覆 Fe^{0} 凝胶球去除效果对比

7.2.4 包覆纳米 Fe^0 稳定性分析

将 1.5%SA、0.5%β-CD 包覆的 50mg 纳米 Fe^0 于 4.0% $CdCl_2$ 溶液中保存 30、60、90、120 天后，分别与 100mg/L Cd^{2+} 溶液、500mg/L Pb^{2+} 溶液反应，考查包覆 Fe^0 反应活性随时间的变化，实验结果如图7-5所示。由图可知，与新鲜制备的 SA/β-CD 包覆纳米 Fe^0 相比，随着时间的延长，其反应活性略有下降，但下降速度较慢，保存 120 天后，Cd^{2+} 去除率由 44.4% 下降为 38.0%，Pb^{2+} 去除率由 96.7% 下降为 90.1%。因此 SA/β-CD 混合凝胶球对纳米 Fe^0 具有较好的稳定作用。

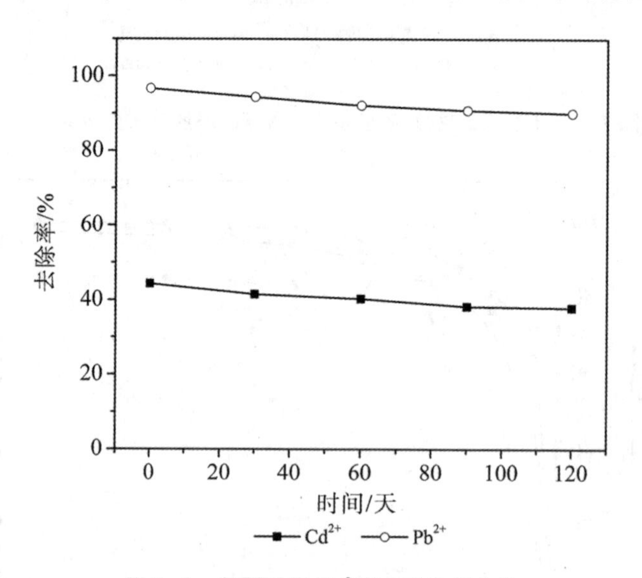

图 7-5 包覆纳米 Fe^0 稳定性分析曲线

7.3 本章小结

（1）以 SA、β-CD 为原料，以 $CaCl_2$ 为交联剂，可实现对纳米 Fe^0 的协同包覆，有效避免 Fe^0 快速氧化。β-CD 的加入有助于改善凝胶球结构和交联成球性能。

（2）以 1.5%SA、0.5%β-CD 为原料，4.0% $CaCl_2$为交联剂，对纳米 Fe^0具有较好的包覆效果。对比 Cd^{2+}、Pb^{2+}去除反应，包覆 Fe^0凝胶球对 Pb^{2+}的选择性明显高于 Cd^{2+}，初始浓度为 200mg/L 时，反应 4h，Pb^{2+}去除率可达 99.3%，主要是凝胶球吸附与 Fe^0联合作用的结果。而凝胶球对 Cd^{2+}选择性较差，主要通过 Fe^0吸附或形成表面复合物去除。

（3）该方法制备的包覆纳米 Fe^0可稳定保存数月，且所用原料及制备工艺安全、环保，可为纳米 Fe^0在环境污染物修复中的实际应用提供理论依据。同时 SA/β-CD 凝胶球稳定化的纳米 Fe^0可为环境中重金属离子的回收、利用提供技术参考。

第8章

β-环糊精包埋纳米零价铁去除重金属污染物的研究

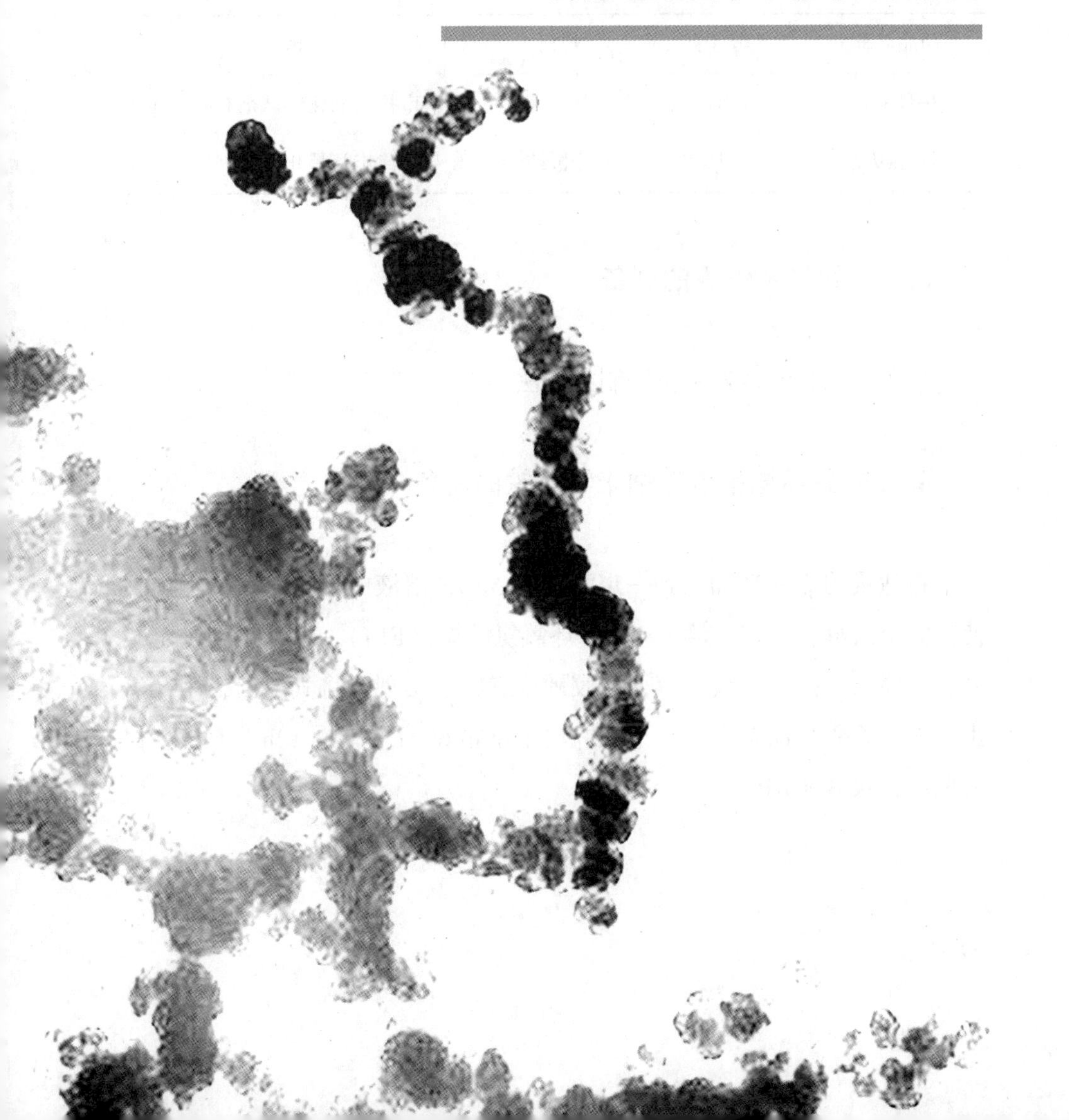

8.1 实验材料与方法

8.1.1 实验材料与设备

本实验用到的主要试剂见表 8-1，所用的仪器设备同表6-2。

表 8-1 主要试剂

药品名称	分子式	规格	产地
β-环糊精	$C_{42}H_{70}O_{35}$	分析纯	天津市科密欧化学试剂有限公司
环氧氯丙烷	C_3H_5ClO	分析纯	天津市福晨化学试剂厂

8.1.2 纳米零价铁的制备

同第 6.1.2 节纳米零价铁制备方法。

8.1.3 β-环糊精包埋纳米零价铁的制备

将适量的 β-CD 加入到一定浓度的 NaOH 溶液中，60℃条件下搅拌使其完全溶解，后缓慢滴入 15mL 环氧氯丙烷（EPI）。体系达到一定黏度后，停止搅拌，继续反应至凝胶硬块状物质出现，将其取出，用无氧水和无氧乙醇洗涤至中性，过滤并放于烘箱 60℃下干燥 12h，取出，得白色颗粒状 β-CDP。

8.1.4 包埋纳米零价铁去除重金属的实验方法

取0.2g新鲜制备的纳米Fe^0颗粒与β-CD的NaOH溶液混合，以EPI为交联剂，进行交联反应，最终得黑色颗粒状纳米Fe^0包埋材料。具体操作与上述β-CDP制备方法相同。

8.1.5 重金属检测方法

同第6.1.4和7.1.4节中重金属离子检测方法。

8.2　结果与讨论

8.2.1 表征

8.2.1.1 扫描电镜分析

采用FEI SIRION200肖特基场发射扫描电子显微镜分别对实验室制备的包埋产物原样、乙醇超声分散后的沉淀层样品进行扫描电镜（SEM）分析表征，结果如图8-1、图8-2所示。

图8-1为β-CDP包埋纳米Fe^0原样的扫描电镜图，由图可以看出，颗粒表面分布有大量孔洞，且孔洞有规则几何外形特征，可促进污染物去除反应的传质过程。图8-2为将包埋纳米Fe^0置于乙醇溶液中，经超声波破碎分散后沉淀层的SEM图片，由图可以清晰地发现颗粒明显黏结，表面浮现出很多多面体状颗粒。这是因为在制样过程中，包埋产物被严重破碎，大量包埋在β-CDP中的纳米Fe^0被暴露出来，而乙醇溶液未进行脱氧处理，导致β-CDP表面的Fe^0被氧化生成了铁氧化物，

因此证明成功制备出了纳米 Fe^0的 β-CDP 包埋材料。

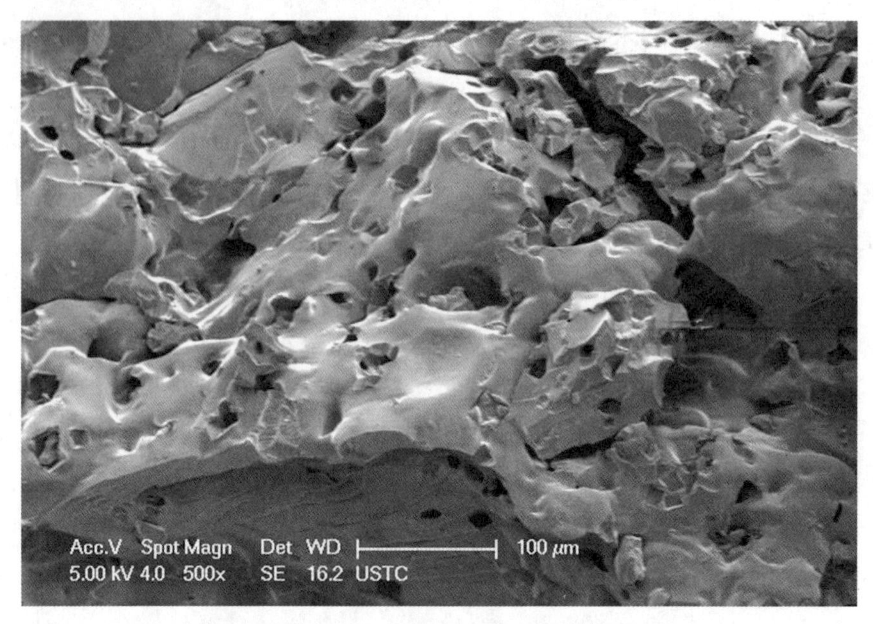

图 8-1 β-CDP 包埋纳米 Fe^0原样 SEM 图

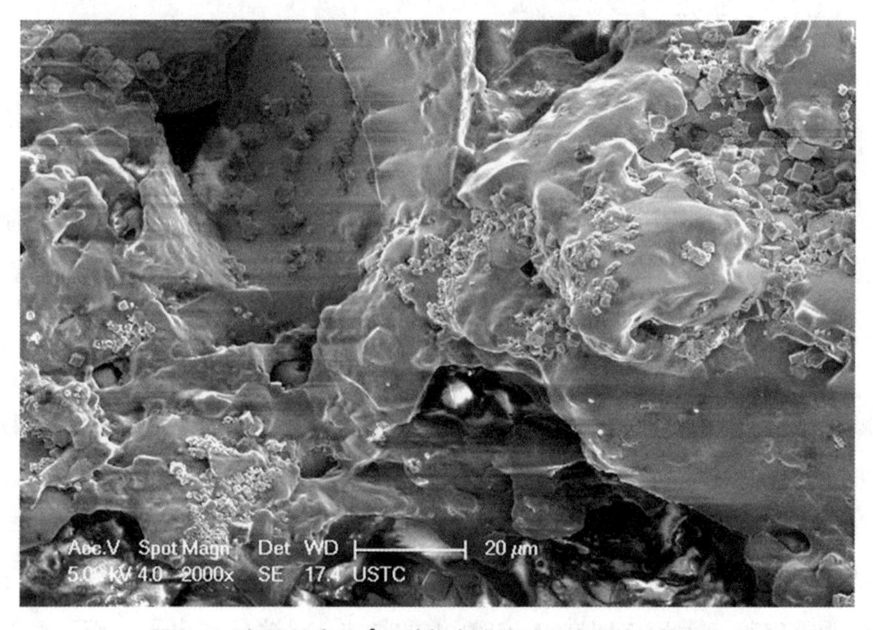

图 8-2 包埋纳米 Fe^0乙醇超声分散后沉淀层的 SEM 图

8.2.1.2 热重分析

采用 HCT-112 型号（北京恒久科学仪器厂）微机差热天平对纳米 Fe^0 及其包埋产物进行热重分析（TGA）。测定温度范围 25 ~ 600℃；升温速率为 10℃/min；保温时间 10min。分析结果如图 8-3 所示。

由图 8-3 所示的 TGA 曲线图可知，100℃前样品均出现失重，主要是烘干不彻底，残留部分水分蒸发所致。而 β-CDP 分解温度为 298.8℃，当温度高于 578.4℃后，失重率达到 95.45%，之后基本不再发生变化。β-CDP 包埋纳米 Fe^0 分解温度与 β-CDP 分解温度基本一致，299.0℃开始分解，温度达到 582.49℃后，失重达 87.98%，整体失重率较 β-CDP 低，主要是在氧化环境下，纳米 Fe^0 氧化增重所致。

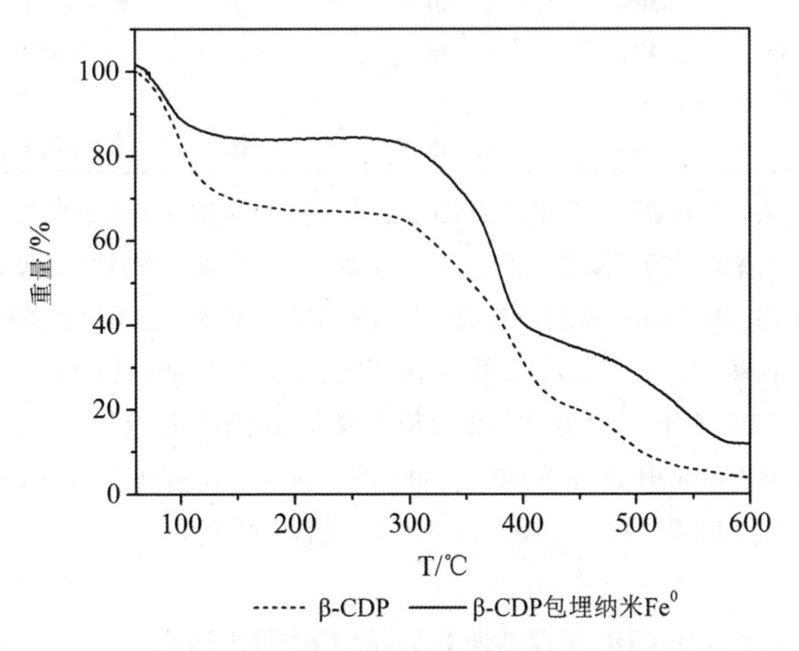

图 8-3　β-CDP、包埋纳米 Fe^0 的 TGA 曲线图

8.2.2 制备条件对交联聚合物的影响

β-CD 用量 6.000g，控制温度为 65℃，在 240rpm 搅拌条件下考查了 NaOH 质量浓度、体积及 EPI 投加剂量对 β-CDP 的影响，结果见表8-2。

表 8-2　制备工艺参数对聚合物的影响

序号	NaOH 浓度	NaOH 体积/mL	EPI 体积/mL	β-CDP 性质
1	50%	15	10	软凝胶
2	50%	15	15	硬颗粒
3	50%	10	10	软凝胶（易碎）
4	40%	15	15	硬凝胶
5	30%	15	15	软凝胶
6	20%	15	15	不能生成聚合物

实验结果表明，以 EPI 为交联剂，NaOH 质量浓度小于 30% 时，不能发生聚合反应，随着 NaOH、EPI 投加剂量的增加，聚合物交联度逐渐增加，50% NaOH 条件下生成的聚合物交联度较大，但 β-CD 溶解较慢，且聚合反应时间较长，均需 1h 以上，而 30%、40% NaOH 反应仅 0.5h 就出现固体。考虑水溶液反应中聚合物的溶胀度及传质等过程，实验选择 NaOH 浓度为 40%、30% 的条件下，β-CD 用量 6.000g，NaOH、EPI 投加量各 15mL，对纳米 Fe^0 进行交联包埋。

8.2.3 β-CDP 包埋纳米 Fe^0 去除 Cd^{2+} 性能研究

取不同碱性介质中合成的 β-CDP 及其包埋的纳米 Fe^0，分别与 150mL 浓度为 100mg/L 的 Cd^{2+} 溶液进行反应，考查制备工艺、投加剂

量对 Cd^{2+} 去除效果的影响。实验结果如图 8-4、图 8-5 所示。

由图 8-4、图 8-5 可以看出，30%、40% NaOH 介质中制备的 β-CDP 与 Cd^{2+} 均未发生反应，即未包埋的纳米 Fe^0 的 β-CDP 对 Cd^{2+} 没有吸附作用。包埋材料投加量为 2.0g 时，30% NaOH 介质中合成的包埋纳米 Fe^0 反应 150min 后，Cd^{2+} 去除率为 46.6%，40% NaOH 介质中交联得到的包埋材料 Cd^{2+} 去除率为 85.8%；投加量增加为 3.0g 后，包埋材料对 Cd^{2+} 去除率分别提高到 72.3%、98.9%。由此可知，40% NaOH 介质环境更有利于聚合物的制备，此条件下得到的交联聚合物对纳米 Fe^0 具有更好的分散及稳定作用，对 Cd^{2+} 具有更好的去除效果。反应中 Cd^{2+} 主要通过 Fe^0 吸附或形成表面复合物去除。将 40% NaOH 介质中交联得到的包埋材料在空气中放置 4 个月后，考查其反应活性变化，实验结果表明其对 Cd^{2+} 的去除率仍可达 95%。

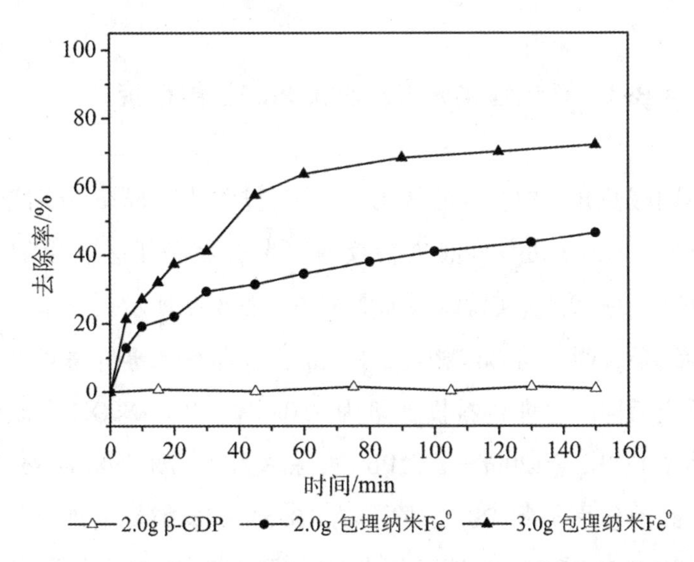

图 8-4　30% NaOH 介质中制备 β-CDP 与包埋纳米 Fe^0 去除 Cd^{2+} 效果对比

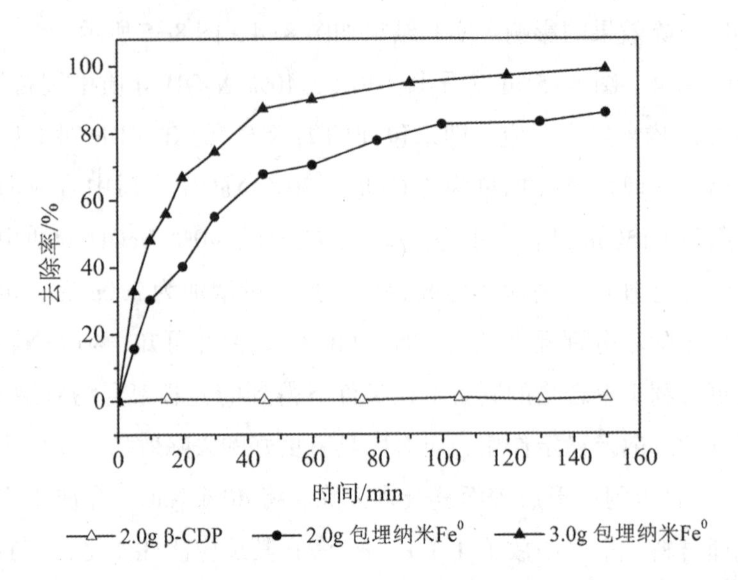

图 8-5　40% NaOH 介质中制备 β-CDP 与包埋纳米 Fe^0 去除 Cd^{2+} 效果对比

8.2.4 β-CDP 包埋纳米 Fe^0 去除 Pb^{2+} 性能研究

取不同碱性介质中合成的 β-CDP 及其包埋纳米 Fe^0，分别与 150mL 浓度为 500mg/L 的 Pb^{2+} 溶液进行反应，考查制备工艺、投加剂量对 Pb^{2+} 去除效果的影响。实验结果如图 8-6、图 8-7 所示。

实验结果表明，与 Cd^{2+} 相比，β-CDP 包埋纳米零价铁对 Pb^{2+} 具有更高的反应活性。包埋材料投加量为 2.0g 时，30% NaOH 介质中合成的包埋纳米 Fe^0 反应 120min 后，Pb^{2+} 去除率为 81.7%，40% NaOH 介质中交联得到的包埋材料 Pb^{2+} 去除率为 78.5%；投加量增加为 3.0g 后，反应 15min，30% NaOH 条件下制备的包埋材料对 Pb^{2+} 去除率提高到 76.6%，45min 后达到 87.4%；而 40% NaOH 条件下制备的包埋纳米铁，15min 去除率就可达到 92.8%，45min 去除率达到 98.7%。与 Cd^{2+} 不同的是，不同条件下制备的 β-CDP 对 Pb^{2+} 均具有一定的吸附作用，吸附去除率均为 30%。

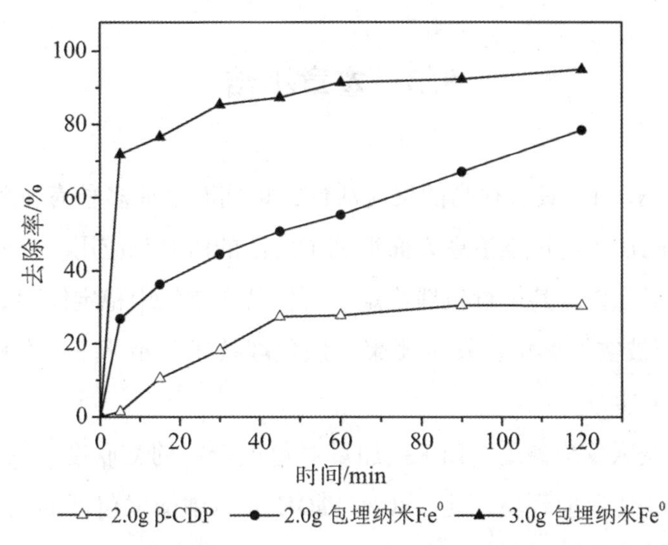

图 8-6　30% NaOH 介质中制备 β-CDP 与包埋纳米 Fe^0 去除 Pb^{2+} 效果对比

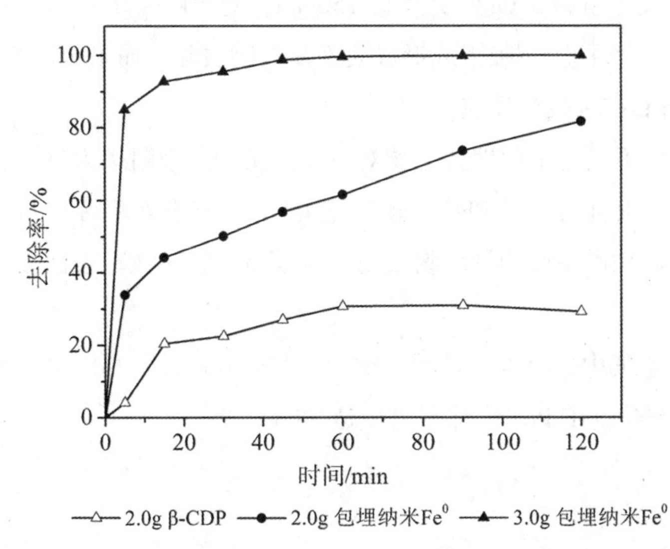

图 8-7　40% NaOH 介质中制备 β-CDP 与包埋纳米 Fe^0 去除 Pb^{2+} 效果对比

因此，β-CDP 包埋纳米零价铁去除 Pb^{2+} 反应过程包括聚合物吸附、纳米 Fe^0 还原及 Fe^0 颗粒表面吸附等作用。将 40% NaOH 介质中交联得到的包埋材料在空气中放置 4 个月后，考查其反应活性变化，实验结果表明其对 Pb^{2+} 的去除率仍可达 98%。

8.3 本章小结

（1）纳米 Fe^0 具有很高的反应活性，可同时还原多种有机和无机污染物，因此在环境污染治理方面得到了广泛的研究和应用。以安全环保的 β-CD 聚合物对其进行包埋稳定，可使其在空气中稳定保存数月，有效避免 Fe^0 被空气氧化及发生团聚。该包埋技术为纳米 Fe^0 的实际应用提供了技术参考。

（2）交联反应碱度、EPI 投加量对包埋产物的交联度有较大影响。与 30% NaOH 反应环境相比，40% NaOH 介质中交联包埋的纳米 Fe^0 具有更高的反应活性。

（3）投加量为 3.0g 时，反应 150min，对 100mg/L Cd^{2+} 去除率可达 98.9%，主要通过 Fe^0 吸附或形成表面复合物去除，而未包埋纳米 Fe^0 的 β-CDP 与 Cd^{2+} 未发生反应。

与 Cd^{2+} 不同，未包埋聚合物对 500mg/L Pb^{2+} 吸附率为 30%，包埋纳米零价铁的聚合材料与 Pb^{2+} 溶液反应 45min，其去除率可达 98.7%，因此包埋物对 Pb^{2+} 主要为聚合物吸附、Fe^0 还原和 Fe^0 颗粒表面吸附共同作用结果。

（4）空气中保存 4 个月后，纳米 Fe^0 对 100mg/L Cd^{2+} 去除率仍可达 95%，对 500mg/L Pb^{2+} 去除率仍可达 98%。

第9章

海藻酸钠/明胶包覆纳米零价铁去除偶氮染料的研究

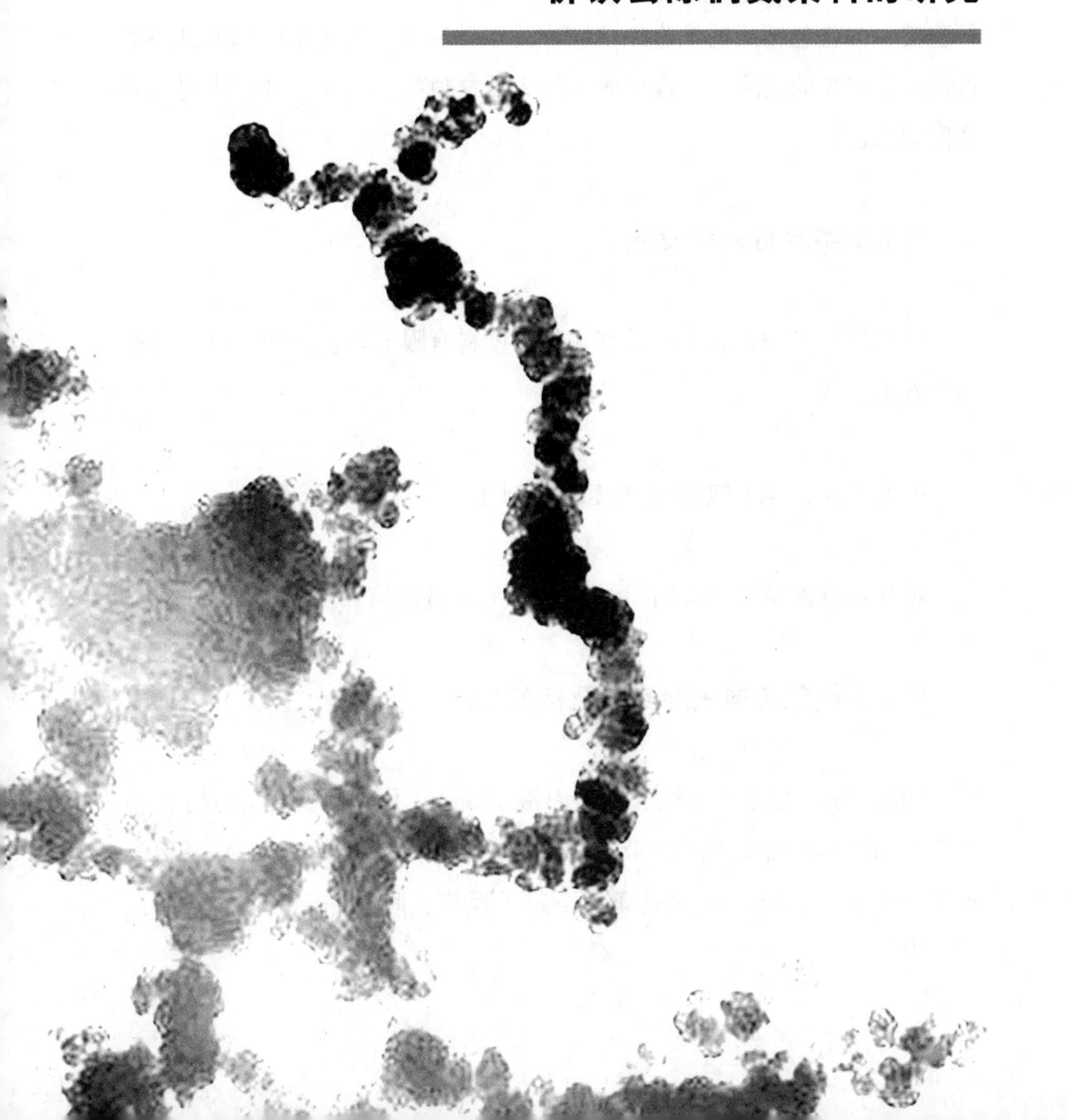

9.1 实验材料与方法

印染行业中，偶氮类染料的应用非常广泛，其使用用量占目前整个染料总量的70%以上，而偶氮染料废水具有水量大、色度高、所含污染物多有“三致”性，且其废水化学性质稳定，BOD/COD值比较低，可生化性较差的特点，因此目前该类废水已成为公认的难降解废水之一。如何有效地去除水体中的偶氮染料，已经受到社会的广泛关注。

这里以环境友好型材料海藻酸钠、明胶为主要材料对纳米零价铁进行包覆，并将包覆后的纳米零价铁作为水处理剂应用于水中偶氮染料活性艳红 X-3B 的去除，这样可改善纳米铁材料的稳定性，进一步提高其实际应用价值。

9.1.1 实验材料与设备

活性艳红 X-3B 购于临沂富洋化工染料有限公司，其他试剂、材料同第 6.1.1 节。

9.1.2 SA/Gel 包覆纳米 Fe^0的制备

纳米零价铁及 SA/Gel 包覆纳米 Fe^0的制备同第 6.1.2、6.1.3 节。

9.1.3 偶氮染料去除实验及检测方法

配制 50mg/L 活性艳红 X-3B 溶液 150mL，用 HCl 调节溶液 pH 值为 3.0；取包覆 50mg 纳米 Fe^0的 SA/Gel 凝胶球，室温（25℃）及氮气氛围条件下，于 250rpm 振荡条件下进行反应，间隔一定时间，取定量反应液采用 722 型紫外可见分光光度计进行检测。

活性艳红 X-3B 去除率（η）按下式进行计算：

$$\eta = \frac{C_0 - C}{C_0} \times 100\%$$

式中，C_0（mg/L）和 C（mg/L）分别为初始活性艳红 X-3B 浓度和不同反应时间溶液中剩余活性艳红 X-3B 的浓度。

9.2 结果与讨论

9.2.1 SA/Gel 凝胶球与包覆纳米 Fe^0 凝胶球

SA/Gel 凝胶球与包覆纳米 Fe^0 凝胶球如图 9-1 所示。由图可知，该工艺制备的 SA/Gel 凝胶球为无色透明的，包覆纳米 Fe^0 后，凝胶球变为黑色，直径为 3～5mm。

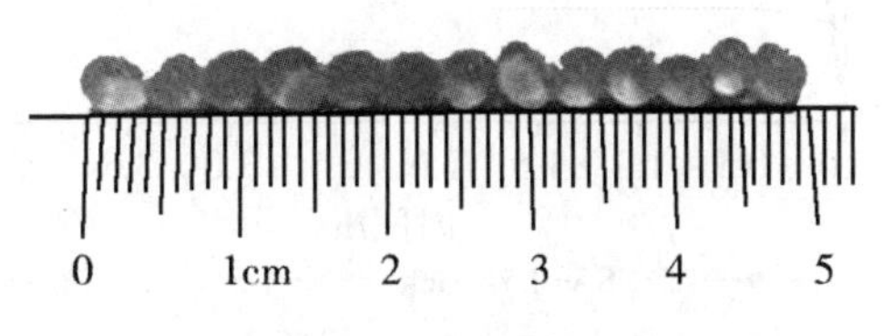

（a）未包覆纳米 Fe^0 凝胶球

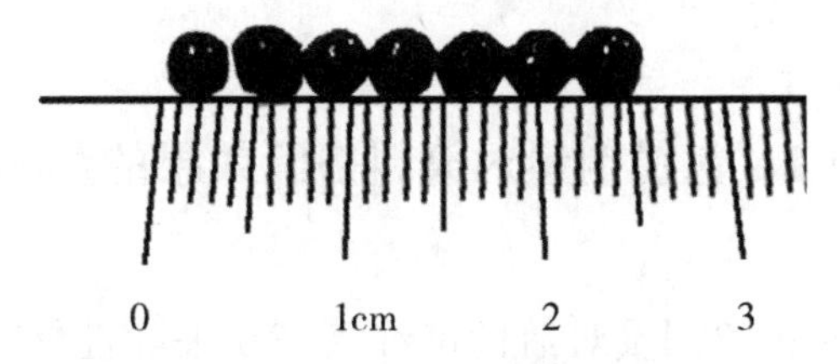

（b）包覆纳米 Fe^0 凝胶球

图 9-1　SA/Gel 凝胶球与包覆纳米 Fe^0 凝胶球

9.2.2 不同原料配比对染料吸附性能影响

不同原料配比凝胶球吸附活性艳红 X-3B 性能对比如图 9-2 所示。从图中可知，原料配比为 1.5%SA、1.0%Gel 时制备的凝胶球对活性艳红 X-3B 具有相对较高的吸附去除率，振荡反应 1.0h，其吸附率可达 21.1%。

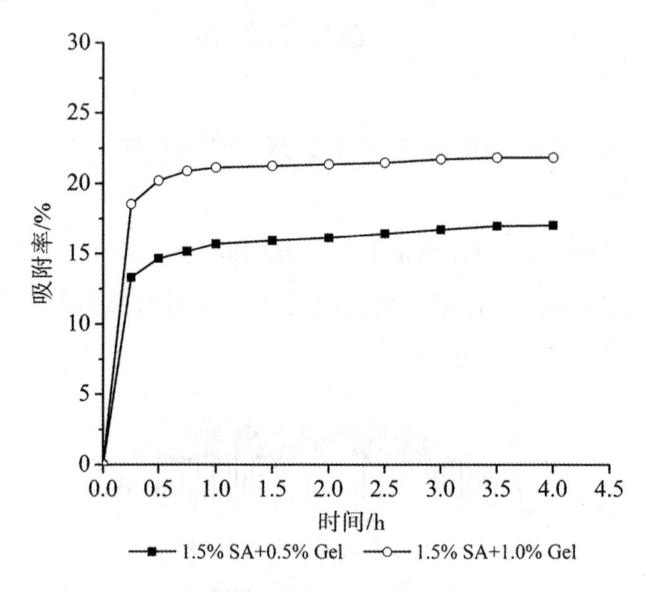

图 9-2　不同原料配比凝胶球吸附活性艳红 X-3B 性能对比

9.2.3 纳米 Fe^0 包覆剂量对染料去除效果的影响

不同纳米 Fe^0 包覆剂量对活性艳红 X-3B 去除性能的影响如图 9-3 所示。由图中可以看出，当 Fe^0 包覆量为 30mg 时，反应 4.0h，活性艳红 X-3B 去除率为 65.9%，增加纳米 Fe^0 包覆量可提高活性艳红 X-3B 去除率，当包覆量为 50mg 时，去除率可达 78.7%，这主要是凝胶球吸附与纳米 Fe^0 降解协同作用结果。

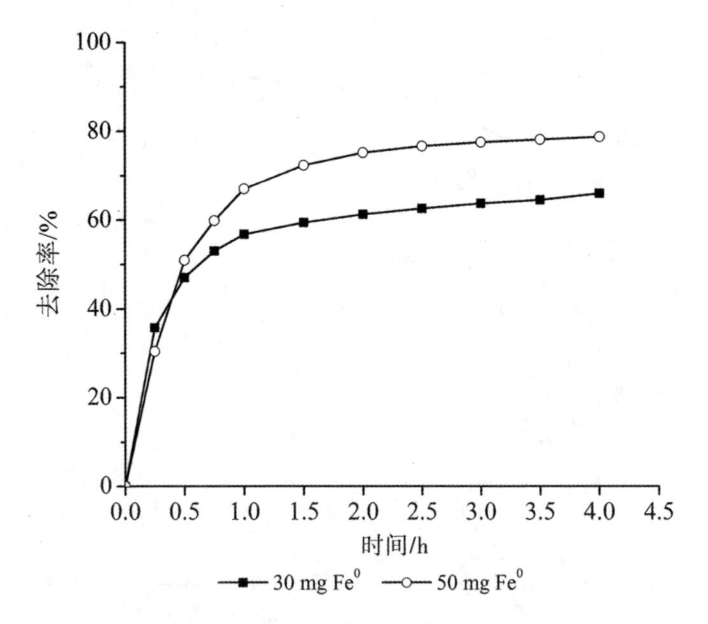

图9-3　不同纳米零价铁包覆剂量对活性艳红X-3B去除性能的影响

9.2.4 初始pH值对染料去除效果的影响

不同初始pH值对包覆纳米Fe^0去除活性艳红X-3B性能的影响如图9-4所示。由图可知，酸性条件有利于SA/Gel包覆纳米Fe^0凝胶球去除活性艳红X-3B，反应4.0h时，去除率可达95.6%。主要是酸性条件有利于活性艳红X-3B结构中偶氮键的断裂，且可阻碍铁氧化物和铁氢氧化物的沉积。

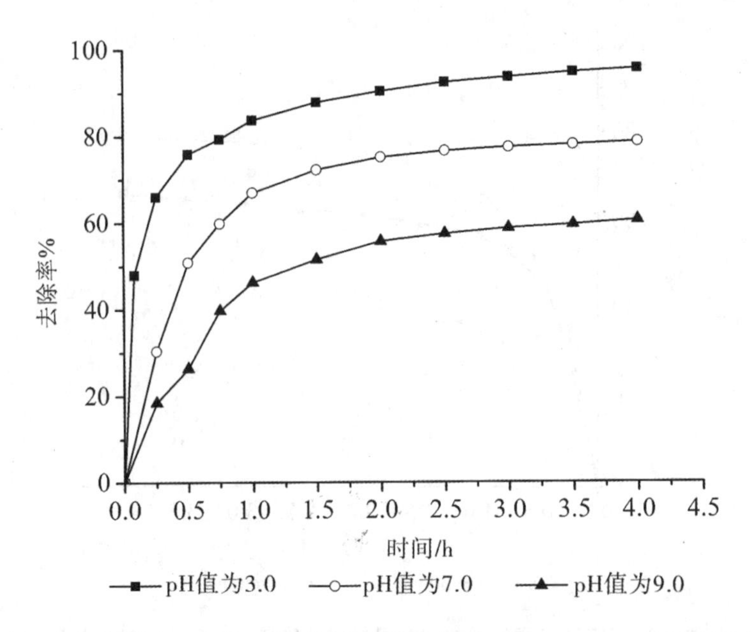

图 9-4 不同初始 pH 值对包覆纳米零价铁去除活性艳红 X-3B 性能的影响

9.3 本章小结

这里对 SA/Gel 包覆纳米零价铁凝胶球吸附去除活性艳红 X-3B 的行为进行了初步探讨。结论如下：

（1）不同原料配比凝胶球对活性艳红 X-3B 吸附性能不同。当原料配比为 1.5%SA、1.0%Gel 时制备的凝胶球对活性艳红 X-3B 具有相对较高的吸附去除率，振荡反应 1.0h，其吸附率可达 21.1%。

（2）增加纳米零价铁包覆量可提高活性艳红 X-3B 去除率，包覆量为 50mg 时，去除率可达 78.7%，主要为凝胶球吸附与纳米零价铁降解协同作用结果。

（3）酸性条件有利于 SA/Gel 包覆纳米零价铁凝胶球去除活性艳红 X-3B，反应 4.0h，去除率可达 95.6%。

这里仅对 SA/Gel 包覆纳米零价铁凝胶球吸附去除活性艳红 X-3B

的行为进行了初步研究，纳米零价铁包覆剂量、包覆材料投加量、干扰离子浓度、温度等条件的影响仍需进一步探索，且其吸附与降解协同作用机理等仍需深入地进行系统研究。

第10章

结论与展望

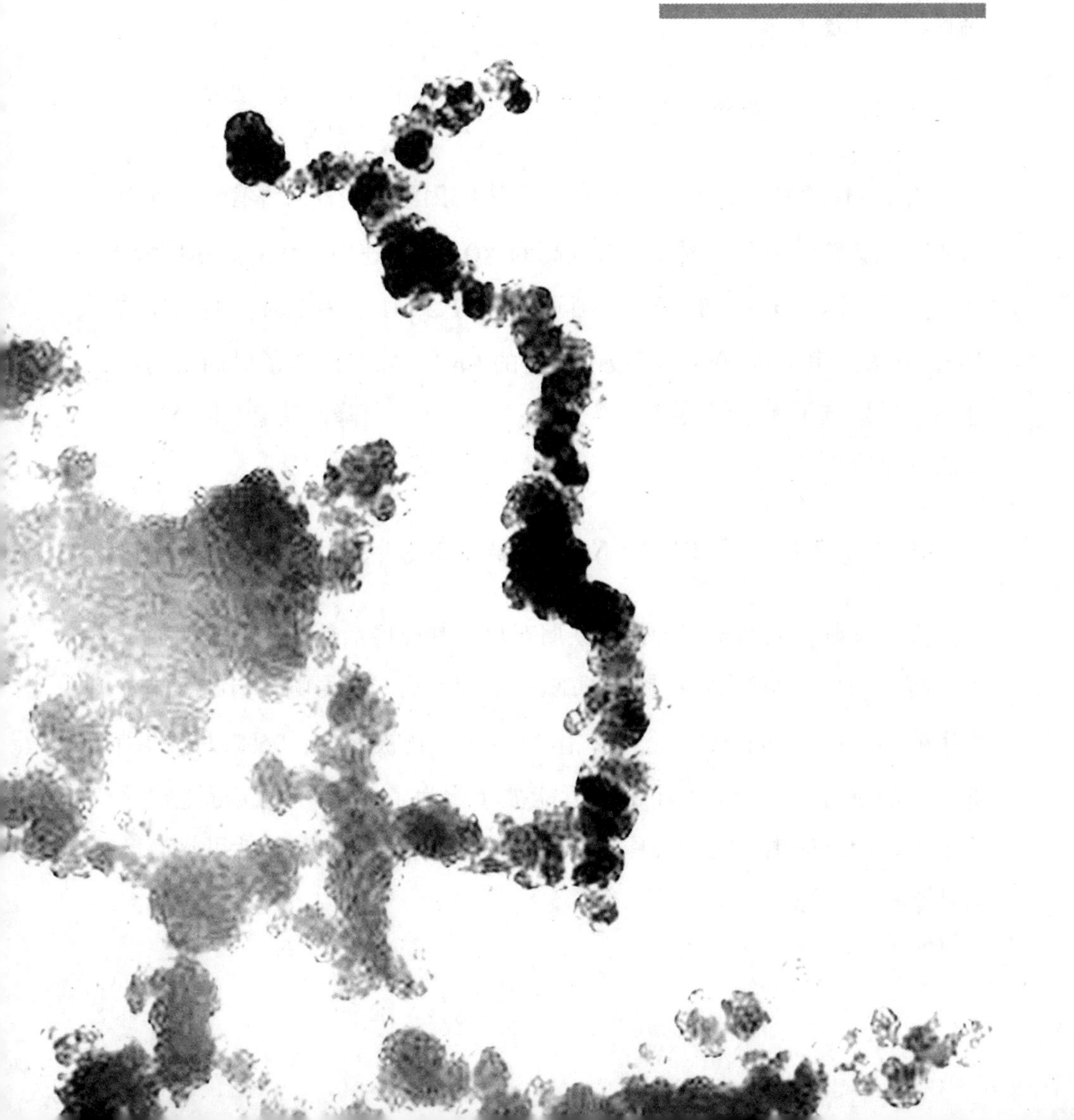

10.1 结论

10.1.1 纳米铁系金属复合材料去除硝酸盐污染研究

本书通过液相合成法制备了纳米级 Fe^0、Fe/Ni 和 Fe/Cu 复合材料，并对其还原去除水中的硝酸盐污染物进行了系统性的研究，同时对 Fe/Pd 和 Fe/Pd/Cu 纳米颗粒与硝酸盐反应的情况进行了初步探讨，其主要结论如下所述。

10.1.1.1 铁屑对 NO_3^- 污染物的去除

溶液 pH 值是铁屑还原 NO_3^- 的主要影响因素，酸性条件有利于保持铁屑颗粒新鲜的表面，因此具有较高的 NO_3^- 去除速率，随溶液 pH 值增加，铁屑去除 NO_3^--N 的速率逐渐下降；初始 pH 值为 2 时，振荡反应 10h，其去除率可达 90%；溶液中共存的 Ca^{2+}、Mg^{2+} 阳离子对硝酸盐的还原效果影响不大，但共存阴离子 $SO_4{}^{2-}$、$HCO_3{}^-$ 可降低铁屑去除 NO_3^--N 的反应速率。

10.1.1.2 纳米零价铁对 NO_3^- 污染物的去除

实验室制备的纳米零价铁与铁屑对比，其反应活性远远高于普通铁屑，溶液 pH 值对纳米零价铁还原 NO_3^- 的速率有一定影响，但并不是主要影响因素；反应中有少量 NO_2^- 作为中间产物被检出，96% 以上的硝酸盐被还原为 NH_4^+，只有小部分可能被转化为了 N_2；在与实际地浸采铀地下水的反应中，纳米铁具有非常高的反应活性，15min 就可将硝酸盐几乎全部去除。

10.1.1.3 纳米Fe/Ni双金属材料还原NO_3^-的反应

催化剂Ni的引入对纳米铁颗粒的反应活性具有明显的促进作用，实验条件下，当Ni负载量为5.0%时，纳米Fe/Ni颗粒表现出最大的反应活性，增大或减小Ni负载量都会降低反应活性。

溶液pH值对纳米Fe/Ni双金属材料的影响有别于对普通铁屑和纳米零价铁颗粒的影响，Fe/Ni双金属纳米材料在初始pH值为中性的溶液中具有较高的反应速率，酸性或碱性溶液不利于硝酸盐的还原去除；溶液中共存的HCO_3^-、SO_4^{2-}和Cl^-离子不同程度地阻碍了纳米Fe/Ni还原NO_3^-反应的进行，其干扰程度由大到小顺序为：$HCO_3^- > SO_4^{2-} > Cl^-$。

由于纳米Fe/Ni颗粒具有很高的反应活性，很难在空气中稳定存在，极易被空气中的O_2氧化，所以我们考查了纳米颗粒在氧化前后反应活性的变化。将新鲜制备的纳米Fe/Ni双金属颗粒缓慢暴露于空气中，经老化22h后，纳米材料可稳定存在于空气中，但其还原硝酸盐的反应活性降低为原来的十分之一，且其与纳米零价铁反应活性相近，继续老化44h，纳米颗粒的反应活性变化不大，在此期间保持了一定的稳定性，但其比表面积由新鲜颗粒的$14.6m^2/g$降为了$1.05m^2/g$。

对纳米Fe/Ni还原硝酸盐产物进行分析，其中NH_4^+转化率在84.6%～90.6%范围内，反应中有少量NO_2^-作为中间副产物被检出，其浓度呈先上升后下降的变化趋势，并最后与NO_3^-一起被反应完全，实验条件下检测出NO_2^-最高转化率为2.2%～8.6%；Ni负载量、溶液初始pH值、初始浓度等实验条件对改善产物选择性、提高N_2转化率的贡献很小；对纳米Fe/Ni颗粒还原硝酸盐污染物的反应历程进行了分析，认为硝酸盐的脱硝反应经历了$NO_3^- \rightarrow NO_2^- \rightarrow NH_4^+$两个转化步骤，为连续分步反应，且氧化还原过程与吸附、解吸作用并存，由硝酸盐还原为NO_2^-的步骤为整个反应的速度控制步骤。

10.1.1.4 纳米 Fe/Cu 双金属材料去除 NO_3^- 污染物的研究

以金属 Cu 为催化剂催化还原水中的硝酸盐污染物，在本书实验条件下，当 Cu 负载量为 5.0%时，纳米 Fe/Cu 颗粒具有最高的反应活性，30min 可将硝酸盐完全去除，增加或减小 Cu 含量，都会降低 NO_3^- 去除速率。

在纳米 Fe/Cu 与硝酸盐反应体系中，有大量 NO_2^- 作为中间副产物被检出，纳米 Fe/Cu 还原 NO_3^- 反应中，最终 NH_4^+ 转化率为 79.4%～82.8%；Cu 负载量对反应过程中 NO_2^- 最高转化率具有一定影响，且影响趋势与对反应活性的影响一致，即对于高反应活性的还原体系，检测出的最大 NO_2^- 转化率也较高，硝酸盐快速完全反应后，约有 30%的 NO_2^- 残留于溶液中，继续反应可最终被转化为 NH_4^+ 或 N_2；而在反应活性较低的情况下，NO_3^- 和 NO_2^- 可同时被还原完全；增加硝酸盐溶液初始浓度，有利于 NO_2^- 转化率的提高；改变催化剂金属负载量和 NO_3^- 初始浓度，对提高还原产物 N_2 选择性的贡献不大。

纳米 Fe/Cu 复合材料与纳米 Fe/Ni 还原硝酸盐具有相似的反应历程，但催化剂金属 Cu 对 NO_2^- 具有较高的选择性，与纳米 Fe/Ni 反应体系相比，具有较快的 $NO_3^- \rightarrow NO_2^-$ 转化速率，而反应中 $NO_2^- \rightarrow NH_4^+$ 的反应速率较小，是硝酸盐脱硝反应的控制步骤。

10.1.1.5 纳米 Fe/Pd、Fe/Pd/Cu 复合材料去除 NO_3^- 的初步探讨

本书对以 Pd 为催化剂催化还原硝酸盐的反应进行了初步探讨，实验结果表明，金属 Pd 可在一定程度上提高纳米零价铁的反应活性，在纳米 Fe/Pd 材料中引入第三种金属 Cu，可进一步促进硝酸盐污染物的去除，初步实验认为不同 Pd/Cu 负载量（0.5%、1.0%）的纳米 Fe/Pd/Cu 复合材料反应活性比较相近。

10.1.1.6 不同纳米复合材料去除 NO_3^- 效果的比较

纳米零价铁颗粒表面负载不同种类的催化剂对硝酸盐去除速率具有不同程度的促进作用,在最佳反应条件下,应用合成的三种不同纳米双金属复合材料去除水中硝酸盐污染物,其反应活性由高到低顺序为：5.0% Fe/Cu>5.0% Fe/Ni>5.0% Fe/Pd>Fe^0。

在不同纳米材料 Fe^0、5.0% Fe/Ni、5.0% Fe/Cu、0.5% Fe/Pd 和 1.0% Fe/Pd/Cu 还原硝酸盐产物的分析中，以纳米 Fe/Cu 对中间产物 NO_2^- 的选择性最大，最高转化率为 31.8%，同时对氨氮的选择性相对最小，有约 79.4% 的硝酸盐被转化为 NH_4^+，其余部分可能转化为 N_2。

10.1.1.7 纳米零价铁系复合材料还原 NO_3^- 的反应机理

应用实验室制备的纳米零价铁系复合材料去除硝酸盐污染物，其反应过程均经历了 $NO_3^- \rightarrow NO_2^- \rightarrow NH_4^+$ 两个转化步骤，反应过程中都有中间副产物 NO_2^- 的生成，氧化还原过程与离子在纳米颗粒表面的吸附、解吸过程并存。

负载催化剂的种类对反应历程具有一定的影响，不同催化剂可选择性地促进不同转化步骤的转化速率。对于 Ni、Cu 催化剂，Ni 催化剂可选择性地促进 $NO_2^- \rightarrow NH_4^+$ 转化过程的反应速度，而使 $NO_3^- \rightarrow NO_2^-$ 成为整个反应的速度控制步骤；而 Cu 催化剂对 NO_2^- 具有较高的选择性，可选择性地加快 $NO_3^- \rightarrow NO_2^-$ 转化速率，由 NO_2^- 转化为 NH_4^+ 的反应速率则相对较慢，成为纳米 Fe/Cu 复合材料还原硝酸盐反应的控制步骤。

10.1.2 改性纳米铁去除重金属污染研究

针对纳米颗粒在应用过程中存在不稳定、易团聚现象，且容易被空气氧化而导致反应活性下降的问题，本书选择的海藻酸钠、明胶和β-环糊精为主要原料，对纳米零价铁进行了稳定化包覆，优化了制备工艺，并将包覆材料应用于溶液中重金属污染物 Pb^{2+}、Cd^{2+}的去除，研究结论如下。

10.1.2.1 海藻酸钠/明胶、海藻酸钠/β-环糊精包覆改性纳米铁去除重金属研究

（1）以 SA、Gel、β-CD 为原料，以 $CaCl_2$为交联剂，可实现对纳米零价铁的协同包覆，可有效避免 Fe^0快速氧化。Gel、β-CD 的加入有助于改善凝胶球结构和交联成球性能。

（2）SA/Gel、SA/β-CD 包覆纳米零价铁，当组成为 1.5% SA、0.5% Gel 或 1.5% SA、0.5% β-CD，$CaCl_2$浓度为 4.0% 时，对纳米零价铁具有较好的包覆效果，且在重金属去除中表现最高反应活性。

（3）SA/Gel 包覆纳米零价铁，Fe/Cd 摩尔比为 6.0 时，反应 4h，Cd^{2+}去除率为 25.5%；当 Fe/Pb 摩尔比分别为 4.3、6.5 时，反应 5h 后，Pb^{2+}去除率分别达到 97.3%、100%。

（4）SA/β-CD 包覆 Fe^0，当 Fe/Cd 摩尔比分别为 5.0 时，反应 4h，Cd^{2+}去除率为 37.5%；当 Fe/Pb 摩尔比分别为 3.1、4.6 时，反应 4h 后，Pb^{2+}去除率分别达到 98.8%、99.3%。

（5）对比 Cd^{2+}、Pb^{2+}去除反应，包覆 Fe^0凝胶球对 Pb^{2+}的选择性明显高于 Cd^{2+}。主要为凝胶球吸附与 Fe^0联合作用结果。而凝胶球对 Cd^{2+}选择性较差，主要通过 Fe^0吸附或形成表面复合物去除。

10.1.2.2 β-环糊精包埋改性纳米铁去除重金属研究

（1）应用 β-CD 包埋纳米零价铁反应中，交联反应碱度、EPI 投加量对包埋产物的交联度有较大影响。与 30% NaOH 反应环境相比，40% NaOH 介质中交联包埋的纳米零价铁具有更高的反应活性。

（2）当投加量为3.0g时，反应150min，对100mg/L Cd^{2+}去除率可达98.9%，其主要通过Fe^0吸附或形成表面复合物去除，而未包埋纳米零价铁的β-CDP与Cd^{2+}未发生反应。与Cd^{2+}不同，未包埋聚合物对500mg/L Pb^{2+}吸附率为30%，包埋纳米零价铁的聚合材料与Pb^{2+}溶液反应45min，其去除率可达98.7%，因此包埋物对Pb^{2+}主要为聚合物吸附、Fe^0还原和Fe^0颗粒表面吸附共同作用结果。

（3）协同包覆纳米零价铁可稳定保存数月，有效避免了Fe^0快速氧化，且所用原料及制备工艺安全、环保，可为纳米零价铁在环境污染物修复中的实际应用提供理论依据。同时凝胶球稳定化的纳米零价铁可为环境中重金属离子的回收、利用提供技术参考。

10.1.2.3 改性纳米铁去除偶氮染料污染物研究

这里对SA/Gel包覆纳米零价铁凝胶球作为水处理剂去除水中活性艳红X-3B进行了初步探讨：

（1）SA、Gel原料配比导致包覆纳米零价铁对偶氮染料去除效果不同。且当原料配比为1.5%SA、1.0%Gel时制备的凝胶球对活性艳红X-3B具有相对较高的吸附去除率。

（2）增加纳米零价铁包覆量可提高染料去除效率，包覆量为50mg时，去除率可达78.7%，主要为凝胶球吸附与纳米零价铁降解协同作用结果。

（3）溶液pH值对去除效果影响较大，且酸性条件下更有利于染料去除，反应4.0h，活性艳红X-3B去除率可达95.6%。

10.2　展望

本书研究取得了一定的成果，但尚存不足之处，今后仍需在以下几个方面不断开展深入研究：

（1）通过对纳米材料还原硝酸盐过程中其他形式氮中间产物以及N_2的检测分析，需进一步研究硝酸盐还原的反应历程，深入探讨纳米零价铁系复合材料催化还原硝酸盐的反应机理。

（2）对纳米 Fe/Pd 和 Fe/Pd/Cu 复合材料去除硝酸盐进行系统深入研究，考查不同反应条件如制备方法、组成比例、压力等对产物的影响，为控制还原产物种类、提高 N_2转化率提供依据。

（3）纳米零价铁包覆材料去除重金属机理尚不明确，仍需进一步深入研究，且对多种金属离子的联合去除及环境有机质对去除效果的影响等内容仍需进一步探索；纳米零价铁包覆材料去除溶液中重金属离子后的回收、利用需进一步研究。

（4）纳米零价铁稳定化体系仍需进一步优化，进一步提升其稳定性和实际应用性；对包覆型纳米零价铁的活性变化规律及反应机理进行深入研究。

（5）包覆型纳米零价铁及其包覆型双金属材料去除硝酸盐等污染物反应活性的研究；包覆材料耦合微生物脱氮反应活性及机理研究。

（6）纳米零价铁在环境污染物联合去除中具有较强的应用潜力，且环境污染多为复合污染，因此应加强纳米零价铁包覆材料去除有机、无机复合污染物的研究，及其与生物修复等技术的联用技术研究，为纳米铁的实际应用提供理论依据和技术参考。

参考文献

[1] 汪珊，孙继朝，李政红．西北地区地下水质量评价．水文地质工程地质，2004，4：96-100.

[2] 郭秀红，孙继朝，李政红，汪珊．我国地下水质量分布特征浅析．水文地质工程地质，2005，3：51-54.

[3] 李政红，孙继朝，汪珊，郭秀红．黄淮海平原地下水质量综合评价．水文地质工程地质，2005，4：51-55.

[4] 冯锦霞，朱建军，陈立．我国地下水硝酸盐污染防治及评估预测方法．地下水，2006，28（4）：58-62.

[5] 姜桂华，王文科，杨晓婷等．关中盆地潜水硝酸盐污染分析及防治对策．水资源保护，2002，2：6-8.

[6] Super M，Heese H，MsvKenxit D，et al. An epidemiologic study of well-water nitrates in a group of South West African Namibian infants. Water Research，1981（15）：1265-1270.

[7] Kostraba J. N.，Gay E. C.，Reviewrs M.，et al. Nitrate levels in community drinking waters and risk of IDDM. Diabetes Care. 1992（15）：1505-1508.

[8] Nolan B. T.，et al. Risk of Groundwater of the United States - A National Perspective. Environmental Science & Technology，1997，31（8）：2229-2236.

[9] 杨琰，蔡鹤生，刘存富，等. NO_3^- 中 ^{15}N 和 ^{18}O 同位素新技术在岩溶地区地下水氮污染研究中的应用—以河南林州食管癌高发区研究

为例. 中国岩溶，2004，23（3）：206-212.

[10] 高阳俊，张乃明. 滇池流域地下水硝酸盐污染现状分析. 云南地理环境研究，2003，15（4）：39-42.

[11] 易秀，薛澄泽. 氮肥在嵝土中的渗漏污染研究. 农业环境保护，1993，12（6）：50-52.

[12] 王铁军，郑西来. 崔俊芳. 莱西地区施肥对地下水硝酸盐污染的过程. 中国海洋大学学报，2006，36（2）：307-312.

[13] Belgiorno V.，Napoll R. M. Groundwater quality monitoring. Water Science Technology，2000，42（1-2）：37-41.

[14] 宋秀杰，丁庭华. 北京市地下水污染的现状及对策. 环境保护，1999（11）：44-47.

[15] Francisco J. Nitrogen Rremoval from Wastewaters at low C/N Ratios with Ammonium and Zcetatesa Electron Donors. Bioresource Technology，2001（79）：165-170.

[16] Peter K. Biological Denitrification in a Continuous - flow Pilot Bioreactor Containing Immobilized Pseudomonas Butanovora Cells. Bioresource Echnology，2003（87）：75-80.

[17] Ying-chih C. Determination of Optimal COD/Nitrate Rratio for Biological Eenitrification. International Biodeterioration & Biodegradation，2003（51）：43-49.

[18] Bruce O. Hydrogenotrophic Denitrification in a Micro porous Membrane Bioreactor. Water Research，2002（36）：4683-4690.

[19] Ewa W. Removal of Nitrates from Ground water by a Hubrid Process of Biological Denitrification and Microfiltration Membrane. Process Biochemistry，2001（37）：57-64.

[20] Oh S. E. Effect of Organics on Sulfur-utilizing Autotrophic Denitrification under Miaxotrophic. Conditions of Biotechnology，2001（92）：

1-8.

[21] Kuan - Chun L. Effects of pH and Precipitation on Autohydrogenotrophic Denitrification using the Hollow-fiber Membrane -biofilm reactor. Water Research, 2003 (37): 1551-1556.

[22] Powell R. M., Puls R. W. Generation by Dissolution of Instrinsic or Augmented Aluminaosilicate Minerals for in-Situ Contaminant Remediation by Zero-Valent State Iron. Environ. Sci. Technol., 1997, 31: 2244-2251.

[23] Louis A. S. Nitrate Removal from Groundwater and Denitrification Rates in a Porous Treatment Wall amended with Sawdust. Ecological Engineering, 2000 (14): 269-278.

[24] Lee D. U. Effects of External Carbon Source and Empty Bed Contact Time on Simultaneous Heterotrophic and Sulfur-utilizing Autotrophic Denitrification. Process Biochemistry, 2001, 36: 1215-1224.

[25] Szilvia S. Hydrogen-dependent denitrfication in a two-reactor bio-electrochemical system. Water Research,2001,35(3): 715-719.

[26] 曲久辉，范彬，刘锁祥 等. 电解产氢自养反硝化去除地下水中硝酸盐氮的研究. 环境科学，2001，22 (6): 711-715.

[27] Katsuki K. Nitrate removal by a combination of elemental sulfur-based denitrification and membrane filtration, Water Research, 2002 (36): 1758-1766.

[28] Dorshelmer W.T., Drewry C.B., Fritsch D.P., et al. Removing Nitrate from Groundwater. Water Engineering & Management, 1997 (12): 20-24.

[29] Kapoor A., Viraraghavan T. Nitrate removal from drinking water-review. Journal of Environmental Engineering, 1997, 123(4): 371-380.

[30] Epron F., Gauthard F., Carole P., et al. Catalytic reduction of

nitrate and nitrite on Pt-Cu/ Al_2O_3 catalysts in aqueous solution: Role of the interaction between copper and platinum in the reaction. Journal of Catalysis, 2001, 198: 309-318.

[31] Sakamoto Y., Kamiya Y., Okuhara T. Selective hydrogenation of nitrate to nitrite in water over Cu-Pd bimetallic clusters supported on active carbon. Journal of Molecular Catalysis A: Chemical, 2006, 250: 80-86.

[32] Jacinto S., Hannelore V. Catalytic hydrogenation of nitrates in water over a bimetallic catalyst. Applied Catalysis B: Environmental, 2005, 57: 247-256.

[33] Prüsse U., Vorlop K. D. Supported bimetallic palladium catalysts for water - phase nitrate reduction. Journal of Molecular Catalysis A: Chemical. 2001 (173): 313-328.

[34] Barrabés N., Just J., Dafinov A., et al. Catalytic reduction of nitrate on Pt-Cu and Pd-Cu on active carbon using continuous reactor: The effect of copper nanoparticles. Applied Catalysis B: Environmental, 2006, 66: 77-85.

[35] Ying-Xue C. Appropriate conditions or maximizing catalytic reduction efficiency of nitrate into nitrogen gas in groundwater. Water Research, 2003 (7): 2498-2495.

[36] Pintar A., Batista J., Muševiĕ I. Palladium-copper and palladium-tin catalysts in the liquid phase nitrate hydrogenation in a batch-recycle reactor. Applied Catalysis B: Environmental, 2004, 52: 49-60.

[37] Gauthard F., Epron F., Barbier J. Palladium and platinum-based catalysts in the catalytic reduction of nitrate in water: effect of copper, silver, or gold addition. Journal of Catalysis, 2003, 220: 182-191.

[38] 张燕，陈英旭，刘宏远. Pd-Cu/γ-Al_2O_3催化还原硝酸盐的研究.

催化学报，2003，24（4）：270-274.

[39] Berndt H.，Mönnich I.，Lücke B.，et al. Tin promoted palladium catalysts for nitrate removal from drinking water. Applied Catalysis B：Environmental，2001，30：111-122.

[40] Strukul G.，Gavagnin R.，Pinna F.，et al. Use of palladium based catalysts in the hydrogenation of nitrate in drinking water：from powders to membranes. Catalysis Today 2000（55）：139-149.

[41] Rodríguez R.，Pfaff C.，Melo L.，et al. Characterization and catalytic performance of a bimetallic Pt-Sn/HZSM-5 catalyst used in denitratation of drinking water. Catalysis Today，2005，107-108：100-105.

[42] Matatov-M Y. Cloth catalysis in water denitrification：Pd on glass fibers. Apple. Catal. B：environ，2000（27）：127-132.

[43] Luk G. K. Experiment Investigation on the Chemical Reduction of Nitrate from Groundwater. Advances in Environment Research，2002（6）：441-453.

[44] Murphy A. P. Chemical removal of nitrate from water. Nature，1991（350）：223-229.

[45] Huang Y. H.，Zhang T. C. Enhancement of nitrate reduction in Fe^0-packed columns by selected cations. Journal of Environmental Engineering，2005，131（4）：603-611.

[46] Chen Y. M.，Li C. W.，Chen S. S. Fluidized zero valent iron bed reactor for nitrate removal，Chemosphere，2005，59：753-759.

[47] Hu H. Y.，Goto N.，Fujie K.，et al. Reductive treatment characteristics of nitrate by metallic iron in aquatic solution. Journal of Chemical Engineering of Japan，2001，34（9）：1097-1102.

[48] Liao C. H.，Kang S. F.，Hsu Y. W. Zero-valent iron reduction of

nitrate in the presence of ultraviolet light, organic matter and hydrogen peroxide. Water Research, 2003, 37: 4109-4118.

[49] Young G. K., Bungay H. R., Brown L. M., et al. Chemical reduction of nitrate in water. J. Water Pollut. Control Federation, 1964, 36: 395-398.

[50] Huang C. P. Nitrate Reduction by Metallic Iron. Water Research, 1997, 32 (8): 2257-2264.

[51] Zawaideh L. L., Zhang T. C. The effects of pH and addition of an organic buffer (HEPES) on nitrate transformation in Fe^0-water systems, Wat. Sci. Tech., 1998, 38 (7): 107-115.

[52] Ruangchainikom C., Liao C. H., Anotai J., et al. Characteristics of nitrate reduction by zero-valent iron powder in the recirculated and CO_2-bubbled system. Water Research, 2006, 40: 195-204.

[53] Cheng F., Muftikian R. Quintus Fernando, Nic Korte, Reduction of nitrate to ammonia by zero-valent iron. Chemosphere, 1997, 35 (11): 2689-2695.

[54] Alowitz M. J., Scherer M. M. Kinetics of nitrate, nitrite and Cr (VI) reduction by iron metal. Environmental Science & Technology, 2002, 36 (3): 299-306.

[55] Huang Y. H., Zhang T. C., Shea P. J., et al. Effects of oxide coating and selected cations on nitrate reduction by iron metal. J. Environ. Qual. 2003, 32: 1306-1315.

[56] Huang Y. H., Zhang T. C. Effects of low pH on nitrate reduction by iron powder. Water Research, 2004, 38: 2631-2642.

[57] Choe S., Liljestrand H. M., Khim J. Nitrate reduction by zero-valent iron under different pH regimes. Applied Geochemistry, 2004, 19: 335-342.

[58] Shrimali M., Singh K. P. New methods of nitrate removal from water. Environmental Pollution, 2001, 112: 351-359.

[59] Furukawa Y., Kim J. W., Watkins J., et al. Formation of Ferrihydrite and Associated Iron Corrosion Products in Permeable Reactive Barriers of Zero-Valent Iron. Environ. Sci. Technol. 2002, 36: 5469-5475.

[60] Neeraj G., Tad C. F. Hydrogeologic modeling for permeable reactive barriers. Journal of Hazardous Materials. 1999 (68): 19-39.

[61] Park J. B., Lee S. H., Lee J. W., et al. Lab scale experiments for permeable reactive barriers against contaminated groundwater with ammonium and heavy metals using clinoptilolite (01-29B). Journal of Hazardous Materials. 2002, (B95): 65-79.

[62] Snape I., Morris C. E., Cole C. M. The use of permeable reactive barriers to control contaminant dispersal during site remediation in Antarctica.Cold Regions Science and Technology.2001,(32):157-174.

[63] Blowes D. W., Ptacek C. J., Benner S. G., et al. Treatment of inorganic contaminants using permeable reactive barriers. Journal of Contaminant Hydrology. 2000, (45): 123-137.

[64] Arun R. G. Design and construction techniques for permeable reactive barriers. Journal of Hazardous Materials, 1999, (68): 41-71.

[65] David W. B., Carol J.., John L. J. In-situ remediation of Cr (Ⅵ)-contaminated groundwater using permeable reactive walls: laboratory studies. Environmental Science & Technology, 1997, 31 (12): 3348-3357.

[66] Ho S. V., Sheridan P. W., Athmer C. J., et al. Integrated in Situ Soil Remediation Technology: the Lasagna Process. Environmental Science & Technology, 1995 (29): 2528-2534.

[67] Chew C. F, Zhang T. C. In - situ Remediation of Nitrate - contaminated Ground Water by Electrokinetics/Iron Wall Process. Water Science and Technology, 1998, 38 (7): 135-142.

[68] Paul W., Jenifer J. Nitrate Removal in zero-valent Iron Packed Columns. Water Research, 2003 (37): 1818-1830.

[69] 周玲，李铁龙，金朝晖 等. 还原铁粉去除地下水中硝酸盐氮的研究. 农业环境科学学报，2006，25 (2)：68-72.

[70] 王翠. 纳米科学技术与纳米材料概述. 延边大学学报，2001，27 (1)：66 -70.

[71] 牟国栋，王晓刚 等. 纳米科学技术的发展和纳米材料的特性. 西安矿业学院学报，1998，18 (4)：332-335.

[72] Zhang W. X. Nanoscale iron particles for environmental remediation: An overview. Journal of Nanoparticle Research,2003 (5):323-332.

[73] Zhang W. X. Environmental technologies at the nanoscale. Environmental Science & Technology, 2003, 37 (1): 102-108.

[74] Li X. Q., Elliott D. W., Zhang W. X. Zero - valent iron nanoparticles for abatement of environmental pollutants: materials and engineering aspects. Critical Reviews in Solid State and Materials Sciences, 2006, 31: 111-122.

[75] Mace C. Controlling Groundwater VOCs: Do nanoscale ZVI particles have any advantages over microscale ZVI or BNP? Pollution Engineering, 2006, April: 24-28.

[76] Vance D. B. Nanoscale iron colloids: The maturation of the technology for field scale applications, Pollution Engineering, 2005, July: 16-18.

[77] Huber D. L. Synthesis, properties, and applications of iron nanoparticles. Small, 2005, 1 (5): 482-501.

[78] Dror I., Baram D., Berkowitz B. Use of nanosized catalysts for transformation of chloro-organic pollutants. Environmental Science & Technology, 2005, 39: 1283-1290.

[79] Liu Y., Majetich S. A., Tilton R. D., et al. TCE dechlorination rates, pathways, and efficiency of nanoscale iron particles with different properties. Environmental Science & Technology, 2005, 39: 1338-1345.

[80] Ponder S. M., Darab J. G., Mallouk T. E. Remediation of Cr (Ⅵ) and Pb(Ⅱ) aqueous solutions using supported nanoscale zero-valent iron. Environmental Science & Technology,2000,34:2564-2569.

[81] Kanel S. R., Greneche J. M., Choi H. Arsenic (Ⅴ) removal from groundwater using nano scale zero-valent iron as a colloidal reactive barrier material. Environmental Science & Technology, 2006, 40: 2045-2050.

[82] Kanel S. R., Manning B., Charlet L., et al. Removal of Arsenic (Ⅲ) from groundwater by nanoscale zero-valent iron. Environmental Science & Technology, 2005, 39: 1291-1298.

[83] Jegadeesan G., Mondal K., Lalvani S. B. Arsenate remediation using nanosized modified zerovalent iron particles. Environmental Progress, 2005, 24 (3): 289-296.

[84] Cao J.,Elliott D.,Zhang W.X.Perchlorate reduction by nanoscale iron particles.Journal of Nanoparticle Research,2005,7:499-506.

[85] 那娟娟，冉均国，苟立，等. 超声波/纳米铁粉协同脱氯降解四氯化碳，化工进展，2005，24（12）：1401-1404.

[86] 戴友芝，张选军，宋勇. 超声波/纳米铁协同降解氯代苯酚的试验. 环境污染治理技术与设备，2005，6（11）：19-22.

[87] 刘菲，黄园英，张国臣. 纳米镍/铁去除氯代烃影响因素的探讨.

地学前缘，2006，13（1）：150-154.

[88] 唐玉斌，吕锡武，陈芳艳. 纳米铁降解水中偶氮染料酸性红 B 的动力学研究. 环境科学与技术，2006，29（10）：19-22.

[89] 程荣，王建龙，张伟贤. 纳米金属铁降解有机卤化物的研究进展. 化工进展，2006，18（1）：93-99.

[90] 张选军，戴友芝，曹建平 等. 纳米铁协同超声降解氯苯的研究. 环境污染治理技术与设备，2004，5（8）：32-34.

[91] 徐新华，金剑，卫建军 等. 纳米 Pd/Fe 双金属对 2，4-二氯酚的脱氯机理及动力学. 环境科学学报,2004,24(4):561-567.

[92] Orth W.S.,Gillham R.W.Dechlorination of tricchloroethene in aqueous solution using Fe^0.Environ.Sci.Technol.,1996,30:66-71.

[93] Sayles G. D., You G. R., Wang M. X., et al. DDT, DDD and DDE dechlorination by zero valent iron. Environ. Sci. Technol., 1997, 31（12）: 3448-3454.

[94] Lien H. L., Zhang W. X. Transformation of chlorinated methanes by nanoscale iron particles. Journal of Environmental Engineering, 1999, November: 1042-1047.

[95] Lowry V. G., Johnson M. K. Congener-specific dechlorination of dissolved PCBs by microscale and nanoscale zerovalent iron in a water/methanol solution. Environmental Science & Technology, 2004, 38（19）: 5208.

[95] Lien H. L., Zhang W. X. Nanoscale iron particles for complete reduction of chlorinated ethenes. Colloids and Surfaces A: Physicochemical and Engineering Aspects, 2001, 191: 97-105.

[97] Wei J. J., Xu X. H., Liu Y., et al. Catalytic hydrodechlorination of 2, 4-dichlorophenol over nanoscale Pd/Fe: Reaction pathway and some experimental parameters. Water Research, 2006, 40: 348

-354.

[98] Feng H., Zhao D. Y. Preparation and characterization of a new class of starch-stabilized bimetallic nanoparticles for degradation of chlorinated hydrocarbons in water. Environmental Science & Technology, 2005, 39: 3314-3320.

[99] Elliott D. W., Zhang W. X. Field assessment of nanoscale bimetallic particles for groundwater treatment. Environmental Science & Technology, 2001, 35: 4922-4926.

[100] Tee Y. H., Grulke E., Bhattacharyya D. Role of Ni/Fe nanoparticle composition on the degradation of trichloroethylene from water. Ind. Eng. Chem. Res. 2005, 44: 7062-7070.

[101] Xu Y., Zhang W. X. Subcolloidal Fe/Ag particles for reductive dehalogenation of chlorinated benzenes. Ind. Eng. Chem. Res., 2000, 39: 2238-22444.

[102] Schrick B., Blough J.L., Jones A.D.Thomas E.Mallouk, Hydrodechlorination of trichloroethylene to hydrocarbons using bimetallic nickel-iron nanoparticles.Chem.Mater.2002, 14:5140-5147.

[103] Zhang W. X., Wang C. B., Lien H. L. Treatment of chlorinated organic contaminants with nanoscale bimetallic particles. Catalysis Today, 1998, 40: 387.

[104] Wang C. B., Zhang W. X. Synthesizing nanoscale iron particles for rapid and complete dechlorination of TCE and PCBs. Environmental Science & Technology, 1997, 31 (7): 2154.

[105] Xu J., Dozier A., Bhattacharyya D. Synthesis of nanoscale bimetallic particles in polyelectrolyte membrane matrix for reductive transformation of halogenated organic compounds. Journal of nanoparticle research, 2005, 7: 449-467.

[106] Feng J., Lim T. T. Pathways and kinetics of carbon tetrachloride and chloroform reductions by nano-scale Fe and Fe/Ni particles: Comparison with commercial micro-scale Fe and Zn. Chemosphere, 2005, 59: 1267-1277.

[107] Jovanovic G. N., Plazl P. Ž., Sakrittichai P., et al. Dechlorination of *p*-chlorophenol in a microreactor with bimetallic Pd/Fe catalyst. Ind. Eng. Chem. Res. 2005, 44: 5099-5106.

[108] Grittini C., Malcomson M., Fernando Q., et al. Rapid dechlorination of polychlorinated biphenyls on the surface of a Pd/Fe bimetallic system. Environmental Science & Technology, 1995, 29 (11): 2898-2910.

[109] Feng J., Lim T. T. Iron-mediated reduction rates and pathways of halogenated methanes with nanoscale Pd/Fe: Analysis of linear free energy relationship. Chemosphere, 2007, 66: 1765-1774.

[110] Meyer D. E., Wood K., Bachas L. G., et al. Degradation of chlorinated organics by membrane-immobilized nanosized metals. Environmental Progress, 2004, 23 (3): 232-242.

[111] Xu J., Bhattacharyya D. Membrane-based bimetallic nanoparticles for environmental remediation: Synthesis and reactive properties. Environmental Progress, 2005, 24 (4): 358-366.

[112] Zhang W. H., Quan X., Wang J. X., et al. Rapid and complete dechlorination of PCP in aqueous solution using Ni-Fe nanoparticles under assistance of ultrasound. Chemosphere, 2006, 65: 58-64.

[113] Wu L., Ritchie S. M. C. Removal of trichloroethylene from water by cellulose acetate supported bimetallic Ni/Fe nanoparticles. Chemosphere, 2006, 63: 285-292.

[114] Li F., Vipulanandan C., Mohanty K. K. Microemulsion and

solution approaches to nanoparticle iron production for degradation of trichloroethylene. Colloids and Surfaces A: Physicochem. Eng. Aspects, 2003, 223: 103.

[115] 吴德礼，马鲁铭，徐文英 等. Fe/Cu 催化还原法处理氯代有机物的机理分析. 水处理技术，2005，31（5）：30-33.

[116] 徐新华，卫建军，汪大翚. Pd/Fe 及纳米 Pd/Fe 对氯酚的脱氯研究. 中国环境科学，2004，24（1）：76-80.

[117] 徐新华，刘永，卫建军 等. 纳米级 Pd/Fe 双金属体系对水中 2，4-二氯苯酚脱氯的催化作用. 催化学报，2004，25（2）：138-142.

[118] Choe S., Chang Y.Y., Hwang K.Y., et al. Kinetics of reductive denitrification by nanoscale zero- valent iron. Chemosphere, 2000 (41): 1307-1311.

[119] Chen S.S., Hsu H.D., Li C.W. A new method to produce nanoscale iron for nitrate removal. Journal of Nanoparticle Research, 2004, 6: 639-647.

[120] Liou Y. H., Lo S. L., Kuan W. H., et al. Effect of precursor concentration on the characteristics of nanoscale zerovalent iron and its reactivity of nitrate. Water Research, 2006, 40, 2485-2492.

[121] Yang G. C. C., Lee H. L. Chemical reduction of nitrate by nanosized iron: kinetics and pathways. Water Research, 2005, 39: 884-894.

[122] Wang W., Jin Z. H., Li T. L., et al. Preparation of spherical iron nanoclusters in ethanol-water solution for nitrate removal. Chemosphere, 2006, 65: 1396-1404.

[123] Sohn K., Kang S. W., Ahn S., et al. Fe (0) nanoparticles for nitrate reduction: stability, reactivity, and transformation. Environ.

Sci. Technol. 2006，40，5514-5519.

[124] Liu Y.，Lowry G. V. Effect of particle age（Fe^0 content）and solution pH on NZVI reactivity：H_2 evolution and TCE dechlorination. Environmental Science & Technology，2006，40（19）：6085-6090.

[125] Liou Y. H.，Lo S. L.，Lin C. J.，et al. Chemical reduction of an unbuffered nitrate solution using catalyzed and uncatalyzed nanoscale iron particles. Journal of hazardous materials B，2005，127，102-110.

[126] Geiger C. L.，Clausen C. A.，Brooks K.，et al. Nanoscale and microscale iron emulsions for treating DNAPL. Chlorinated solvent and DNAPL remediation ACS symposium series，2003，837：132-140.

[127] 程军蕊，史维浚. 地浸采铀矿山地下水污染碱性中和清洗法治理研究. 东华理工学院学报，2004，27（3）：230-234.

[128] 张振强. 地浸采铀技术与工艺. 资源调查与环境，2002，23（3）：200-204.

[129] 张振强，金成洙，李富梅. 地浸采铀中的环境污染与保护. 资源调查与环境，2004，25（4）：276-282.

[130] 黄国夫. 酸法地浸采铀的地下水生态环境问题，华东地质学院学报，1998，21（1）：7-13.

[131] 周锡堂，刘乃忠. 地浸铀矿山氮系污染物的某些行为研究，桂林工学院学报，2001，21（2）：145-149.

[132] 阙为民，陈祥标. 硝酸盐作为酸法地浸氧化剂的研究. 铀矿冶，2000，19（1）：24-31.

[133] 周锡堂，阙为民. 硝酸盐作为地浸采铀氧化剂工业化应用研究. 矿产保护与利用，2001，1：38-41.

[134] 王为民，廖列文，张明月. 聚合物分散剂对纳米四氧化三钴制备

的影响. 无机盐工业, 2005, 37 (7): 28-31.

[135] Yan,W.L.,Bai,R.Adsorption of lead and humic acid on chitosan hydrogel beads [J].Water Research.2005,39(4):688-698..

[136] Albadarin, A. B., Al-Muhtaseb, A. H., Al-laqtah, N. A., Walker, GM., Allen, S. J., Ahmad, M. N. M. Biosorption of toxic chromium from aqueous phase by lignin: mechanism, effect of other metal ions and salts. Chemical Engineering Journal. 2011, 169 (1-3): 20-30.

[137] Gotoh, T., Matsushima, K., Kikuchi, KJ. Preparation of alginate-chitosan hybrid gel beads and adsorption of divalent metal ions. Chemosphere. 2004, 55 (1): 135-140.

[138] Yan W., Herzing A. A., Kiely C. J., et al. Nanoscale zero-valent iron (nZVI): Aspects of the core-shell structure andreactions with inorganic species in water. Journal of Contaminant Hydrology, 2010, 118 (3): 96-104.

[139] Martin J. E., Herzing A. A., Yan W., et al. Determination of the oxide layer thickness in core-shell zerovalent iron nanoparticles. Langmuir, 2008, 24 (8): 4329-4334.

[140] Nurmi J. T., Tratnyek P. G., Sarathy V., et al. Characterization and properties of metallic iron nanoparticles: Spectroscopy, electrochemistry, and kinetics. Environmental Science & Technology, 2005, 39 (5): 1221-1230.

[141] Kang H. Y., Xiu Z. M., Chen J. W., et al. Reduction of nitrate by bimetallic Fe/Ni nanoparticles, Environmental Technology, 2012, 33 (18): 2185-2192.

[142] Li Xiaoqin, Cao Jiasheng, Zhang Weixian. Stoichiometry of Cr (Ⅵ) immobilization using nanoscale zerovalent iron (nZVI): a

study with high-resolution X-ray photoelectron spectroscopy (HR-XPS). Industrial & Engineering Chemistry Research, 2008, 47 (7): 2131-2139.

[143] Li Xiaoqin, Zhang Weixian. Sequestration of metal cations with zerovalent iron nanoparticles-A study with high resolution X-ray photoelectron spectroscopy (HR-XPS). Journal of Physical Chemistry C, 2007, 111 (19): 6939-6946.

[144] Geng Bing, Jin Zhaohui, Li Tielong, et al. Kinetics of hexavalent chromium removal from water by chitosan - Fe0 nanoparticles. Chemosphere, 2009, 75 (6): 825-830.

[145] Simultaneous oxidation and reduction of arsenic by zero-valent iron nanoparticles: Understanding the significance of the core - shell structure. Journal of Physical Chemistry C, 2009, 113 (33): 141-145.

[146] Zheng T H, Zhan J J, et al. Reactivity characteristics of nanoscale zero valent iron-silica composites for trichloroethylene remediation. Environmental Science & Technology, 2008, 42: 4494-4499.

[147] Choi H, Al-abed S R, Agarwal S, et al. Synthesis of reactivenano-Fe/Pd bimetallic system-impregnated activated carbon for the simultaneous adsorption and dechlorination of PCBs. Chem. Mater., 2008, 20: 3649-3655.

[148] Hoch L B, Mack E J, Hydutsky B W, et al. Carbothermal synthesis of carbon-supported nanoscale zero-valent iron particles for the remediation of hexavalent chromium. Environmental Science & Technology, 2008, 42: 2600-2605.

[149] Li A, Tai C, Zhao Z S, et al. Debromination of decabrominated diphenyl ether by resin-bound iron nanoparticles. Environmental Sci-

ence & Technology, 2007, 41: 6841-6846.

[150] Hyeok C, Shirish A, Souhail R A. adsorption and simultaneous dechlorination of PCBs on GAC/Fe/Pd: Mechanistic aspects and reactice capping barrier concept. Environmental Science & Technology, 2009, 43: 488-493.

[151] Zhu H J, Jia Y F, Wu X, et al. Removal of arsenic from water by supported nano zero-valent iron on activated carbon. Journal of Hazardous Materials, 2009, 172: 1591-1596.

[152] Zhu B W, Lim T T, Feng J. Influences of amphiphiles ondechlorination of a trichlorobenzene by nanoscale Pd/Fe: Adsorption, reaction kinetics, and interfacial interactions. Environmental Science & Technology, 2008, 42: 4513-4519.

[153] He F, Zhao D Y. Preparation and characterization of a new class of strach-stabilized bimetallic nanoparticles for detradation of chlorinated hydrocarbon in water. Environmental Science & Technology, 2005, 39: 3314-3320.

[154] He F, Zhao D Y, Liu J C, Roberts C B. Stabilization of Fe-Pd nanoparticles with sodium carboxymethyl cellulose for enhanced transport and dechlorination of trichloroethylene in soil and groundwater. Ind. Eng. Chem. Res., 2007, 46: 29-34.

[155] Xiong Z, Zhao D Y, Pan G. Rapid and controlled transformation of nitrate in water and brine by stabilized iron nanoparticles. J. Nanopart. Res., 2009, 11: 807-819.

[156] Fatisson J, Ghoshal S, Tufenkji N. Deposition of carboxymethylcellulosecoated zero-valent iron nanoparticles onto silica: roles of solution chemistry and organic molecules. Langmuir, 2010, 26: 12832-12840.

[157] Wang W, Zhou M H, Jin Z H. Reactivity characteristics of poly (methyl methacrylate) coated nanoscale iron particles for trichloroethylene remediation. Journal of Hazardous Materials, 2010, 173: 724-730.

[158] Tiraferri A, Chen K L, Rajiandrea S, et al. Reduced aggregation and sedimentation of zero-valent iron nanoparticles in the presence of guar gum. Journal of Colloid and Interface Science, 2008, 324: 71-79.

[159] Comba S, Sethi R. Stabilization of highly concentrated suspensions of iron nanoparticles using shear-thinning gels of xanthan gum. Water Research, 2009, 43: 3717-3726.

[160] Wang W, Zhou M H. Degradation of trichloroethylene using solventresponsive polymer coated Fe nanoparticles. Colloids and Surfaces A: Physicochem. Eng. Aspects., 2010, 369: 232-239.

[161] Bai X, Ye Z F, Qu Y Z. Immobilization of nanoscale Fe0 in and on PVA microspheres for nitrobenzene reduction. Journal of Hazardous Materials, 2009, 172: 1357-1364.

[162] Sunkara B, Zhan J J, He J B, et al. Nanoscale zerovalent iron supported on uniform carbon microspheres for the insitu remediation of chlorinated hydrocarbons. Applied Materials and Interfaces, 2010, 2: 2854-2862.

[163] Karolina S, Jiri T, Libor M, et al. Air-stable nZVI formation mediated by glutamic acid: solid - state storable material exhibiting 2Dchain morphology and high reactivity in aqueous environment . Journal of Nanoparticle Research, 2012, 14: 805-818.

[164] 成岳，焦创，樊文井，等. 包覆型纳米零价铁的制备及其去除水中的活性艳蓝. 环境工程学报，2013，7 (1)：53-57.

[165] Achintya N B, Sai S S, Senay S, et al. Encapsulation of iron nanoparticles in alginate biopolymer for trichloroethylene remediation . Journal of Nanoparticle Research, 2011, 13: 6637-6681.

[166] Phenrat T, Long T C, Lowry G V, et al. Partial oxidation ("aging") and surface modification decrease the toxicity of nano - sizedzerovalent iron. Environmental Science & Technology, 2009, 43: 195-200.

[167] 李仲谨，杨威，王培霖，等. β-环糊精聚合物微球的合成与表征，精细化工，2010，27（7）：692-695.

[168] 朱顺生，颜冬云，楼迎华，等. 环糊精在环境污染治理中的应用分析，环境工程，2011，29（1）：21-25.

[169] 李瑞雪，刘述梅，赵建青. 交联 β-环糊精聚合物/Fe_3O_4核壳结构复合纳米颗粒的制备和性能研究，材料导报，2010，24（6）：33-36.

[170] 郭劲松，王龙，高旭. 环糊精吸附去除环境污染物研究进展. 环境工程学报，2011，5（6）：1209-1212.

[171] 邹东雷，唐抒圆，肖尊东，等. β-环糊精聚合物在硝基苯微污染水中的应用，科技导报，2013，31（20）：54-57.

[172] 吴慧玲，张淑平. 海藻酸钠纳米复合材料的研究应用进展［J］. 化工进展，2014，33（4）：954-959.

[173] 高春梅，柳明珠，吕少瑜，等. 海藻酸钠水凝胶的制备及其在药物释放中的应用[J]. 化学进展，2013，25（6）：1012-1022.

[174] 孟锐，李晓刚，周小毛，等. 药物微胶囊壁材研究进展［J］. 高分子通报，2012，3：28-37.

[175] 张静进，刘云国，张薇，等. 海藻酸钠包埋活性炭与细菌的条件优化及其对 Pb^{2+}的吸附特征研究，环境科学，2010，31（11）：2684-2690.

[176] 朱文会，王兴润，董良飞，等. 海藻酸钠包覆 Fe-Cu 双金属去除 Cr（Ⅵ）的作用机制，中国环境科学，2013，33（11）：1965-1971.

[177] 董锐，周冰倩，孙晓斌，等. β 环糊精/海藻酸钠水凝胶的制备及性能研究［J］. 精细与专用化学品，2013，21（6）：37-41.

[178] 洪春双，李明春，辛梅华，等. 壳聚糖固载环糊精-海藻酸钠凝胶球的制备和载药性能. 材料研究学报，2011，25（2）：135-140.